人口減少時代の再開発

「沈む街」と「浮かぶ街」

NHK取材班

人口減少時代の再開発——「沈む街」と「浮かぶ街」　目次

第4章　ユニークなまちづくり　地域の取り組みとは

序章　なぜ全国の都市で高層ビルによる再開発事業が進むのか

開発を止めない街、東京

高度経済成長期に建てられたビルなどが更新時期を迎えている日本。古い建物をまとめて取り壊し、高層ビルやタワーマンションなどを建てる再開発事業が各地で盛んに行われている。首都圏はもとより、たまに訪れる地方都市でも、駅に降り立ったとき、「知らない間にここにも高層ビルが……」と驚かされることがしばしばある。

ただ、開発が顕著なのはやはり東京だろう。ここでは近年、本当に街の至るところで、高層ビルによる開発が行われている。都心には、2023年に地上64階、高さ330メートルの麻布台ヒルズ（港区）が開業。現代アートのような特徴的な外観で、大阪のあべのハルカスを抜く、日本一の超高層ビルだ。

湾岸部にも2024年に、東京オリンピックの選手村跡地にマンション群「晴海フラッグ」が誕生した。建設中のタワーマンションを含む19棟もの分譲マンションが立ち並び、入居予定者はおよそ1万2000人。新たに小学校や商業施設などもつくられ、まさに、新たな街一つが湾岸部に出現した形だ。

これ以外にも、東京では秋葉原（千代田区）、京成立石（葛飾区）、中野（中野区）、自由が丘（目黒区）、石神井公園（練馬区）など、各地の駅周辺で高層化による再開発計画が相次いでいる。

実際に高層ビルへのニーズは根強い。都心につくられる高層ビルはオフィスや商業施設などが入るが、今も需要が高いとされる。

また、各地のタワーマンションも相変わらず人気があり、新築マンションの平均販売価格は上がり続け、東京23区では2023年に初めて1億円を超えた（不動産経済研究所調べ）。この価格高騰は地価や建設資材の高騰などが背景にあるということだが、これだけ値上がりし続けても、その人気に陰りは見えていない。

この再開発ラッシュの理由として、まず挙げられるのが駅周辺の建物の「老朽化」だ。都内にも1960年代から70年代にかけてつくられた建物は多く、また、いわゆる「木密（もくみつ）地域（木造住宅密集地域）」と呼ばれる地域も数多く存在している。こうした地域では、耐震性や防災上の観点から建て替えが不可避とされ、再開発の大きな理由とされてきた。さらに、日本各地で地震が相次ぎ、東京でも首都直下地震への備えが急務となるなか、建物の強度を高める〝更新〟は必要と考えられている。

また、昨今激化している「都市間競争」も理由に挙げられる。とくに東京は日本全体が人口減少傾向にあっても、人口が今も増加し続けている（2023年8月時点で約1409万人）例外的な都市であり、ヒト、モノ、カネのすべてが集中し続けている。あくなき成長を希求する東京で、〝選ばれる街〟であり続けるため、その魅力を絶えず発揮し続けなければならないというのだ。

今や世界中から観光客が集まる秋葉原では、「電気街」や「サブカル」を体現したような駅前の雑居ビルなどがある一角を、高層ビルに建て替える計画がもちあがり、議論となっている。

洗練されたテナントがひしめく人気の街、自由が丘でも、駅前に高層ビルを建設する計画が進んでいる。両方の街とも、高い知名度がありながらも再開発計画がもちあがった背景には「変化し続けないと街として生き残れない」という危機感があるのだという。

取材のきっかけ——なぜ今ごろ都心で〝地上げ〟?

皆さんは、この東京で進む未曾有の再開発ラッシュをどのように見ているだろうか。ちょっと話が脇道にそれるが、私たちがこのテーマを取材し始めたきっかけを述べさせていただきたい。私自身は25年にわたる記者生活の中で、こうした不動産や再開発をテーマに取材した経験はほとんどなかった。だからというわけではないが、東京の中でも加速度的に駅前再開発が進む渋谷駅近くの職場に何年も通いながら、このテーマをあまり自分事としては考えてこなかった。

通勤で使う渋谷駅は、再開発に伴う大改修が何年も続き、新たな高層ビルが次々と建設されている。ただ、言い訳をするようだが、人の記憶というものはあいまいなもので、新たな建物により、街が更新されていくと、かつてそこにあったはずのビルや店、人の営みは次第に思い出せなくなっていく。私はこうした渋谷で続く再開発をもはや日常のものとして受容し、その変化に鈍感になっていた。

そんな再開発への考えが一変する出来事が2022年秋にあった。

それは、一人の記者から受けた「都心のある一等地で、悪質な地上げが行われています」という報告だ。地上げそのものは「不動産会社が土地を買いつける行為」で、そのこと自体は合法な取引だ。ただ、その土地を買うため、地主や借家人を立ち退かせる過程で、しばしば嫌がらせが行われるという。悪質な地上げといえば、昭和のバブル経済期に土地の高騰によって社会問題化したが、それが令和となった今も本当に行われていることが、にわかに信じられなかった。

しかし、記者から現場の映像を見せられ、はっとした。そこには、立ち退きを求める雑居ビルの軒に、生肉や魚がぶら下げられていたのだ。さらに取材すると、その業者は首都圏の別の場所でも悪質な地上げを行っていた。立ち退きを迫る隣の土地で、男たちがテントを張って朝まで大音響で音楽を流したり、住民が外出する時に後をつけたりしたこともあったという。これらを聞いて、「相当悪質な嫌がらせだと思うけれど、警察や行政が取さて、本題に戻そう。そもそも東京で相次ぐ再開発を一体どう見ればいいのだろうか。「老朽化した建物の更新」、この安全性に関わることについては、反対する人は多くないかもしれない。相次ぐ大地震、毎年のように繰り返される水害など、今を生きる私たちは絶えず災害のリスクにさらされており、それに強いまちづくりをすることは急務であるからだ。

ただ、そのことを加味しても、再開発に反対の意見や違和感を口にする人たちが少なくないのはなぜだろうか。

「再開発＝高層化」その理由は

それは、これらの再開発の多くが「高層化」というスキーム、つまり高層ビルやタワーマンションの建設とセットになって成り立っているからではないだろうか。

さきほど触れた秋葉原の再開発現場。こちらでも反対の立場の人たちが口にしていたのが「高層ビルの建設により個性豊かな街が没個性になりはしないか」という懸念だった。

また、音楽家の坂本龍一さんが生前に反対の意思表示をしたことで知られる明治神宮外苑の再開発。こちらも樹木の伐採が反対する主な理由に挙げられるが、開発に伴って建設される3棟の高層ビルについても「緑豊かな景観が損なわれないか」といった声や「ビル風への懸念」が取り沙汰されている。

図　神宮外苑現在の姿（上）と開発後のイメージ（下）

画像：「神宮外苑の緑と空と」

確かに高層ビルが建てられ続け、人口が集中し続ける東京の街を見ていると、時折強い不安に駆られることがある。

２０１１年に起きた東日本大震災。あの時、東京では、交通機関が軒並み止まり、都心から自宅に帰りたくても帰れない「帰宅難民」が大量に発生した。多くの人たちは都心に極度に人口が集まることがいかにリスクかということを身をもって体験したはずだ。

また、高層ビルやタワーマンションのリスクも顕在化した。当時、東京は震源から４００キロほども離れていたが、長周期地震動により、高層ビルが大きく揺れた。エレベーターが使えなくなり、長時間閉じ込められた人たちも相次いだ。

また、２０１９年の台風19号では、タワマンの開発が相次ぐ川崎市の武蔵小杉で多摩川の氾濫による停電が発生した。一部のタワマンでは、エレベーターが停止したり、断水したりして、住民たちが長期間、不自由な生活を余儀なくされたのは記憶に新しい。

さらに、景観など都市の魅力という点でも再開発が高層化一辺倒となると、地域によってはその魅力を減衰（げんすい）することにつながるおそれがある。本書にもそうした葛藤を乗りこえた再開発の事例が紹介されているので、ぜひご覧いただきたい。

図　権利変換によって再開発を行うしくみ

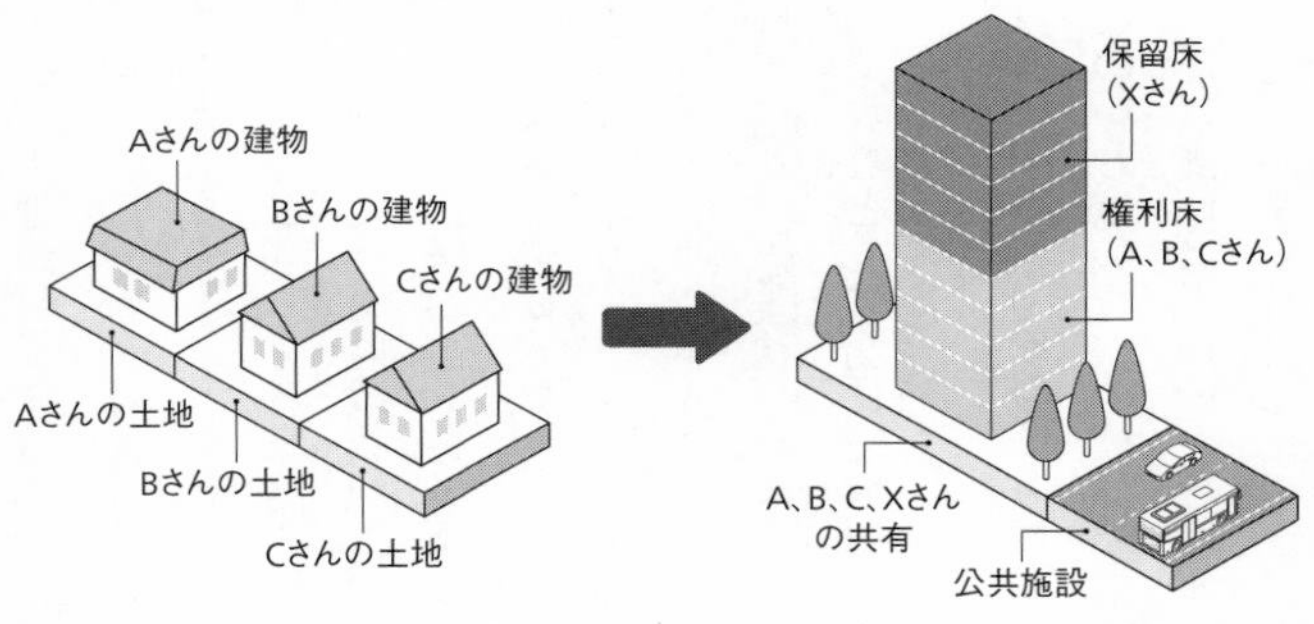

国土交通省の資料をもとに作成

高層のメリット――地権者の持ち出しなしで街を一新

それでは、高層化による再開発のメリットとは何だろうか。

その理由として、最も多く語られるのが事業性の高さだ。そもそも再開発事業は、建物を高層化してつくり出した新たな床（保留床と呼ばれる）を売却し、その利益を工事費にあてることで、事業を成立させる仕組みとなっている。

しかも、事業者に取材すると、この仕組みは、自分たち（事業者）のみならず、地権者や行政にとってもメリットがあるとされる。

もともとその土地に住んでいた地権者にとっては、費用負担をせずに、新たに建設される高層ビルやマンションに「権利床」を受け取り、入居することができる。これは「権利変換」と言われる。

また、行政は老朽化などで役所の建て替えが必要な場合、土地が高騰する都内の自治体にとって新たな土地の確保は容易でないが、こうした高層ビルの一部の床を使えば、コストを抑えた形で役所の機能の一部を移すことができるのだという。

所得が伸び悩み、各家庭の懐事情はどこも厳しい。また、自治体にしても東京23区のような特別区でさえ財政状況は決して楽ではない。こうしたなか、持ち出しがなくても「新たな床」が確保できる高層化の再開発は、事業者を含めた三者にとって魅力的なスキームとなっているのが現状だ。

さらに、このスキームの後押しをしているのは国からの補助金である。活況を呈している首都圏の不動産事情の裏側にはこうしたカラクリが存在する。先述のように、首都圏の地価は高騰し続けているため、高層ビルなどで生み出される新たな床はオフィスやマンションなどとして高値で取引することができるというわけだ。

地権者と同意率をめぐるトラブル、駆け引き

このいわば〝魔法の杖〟のような高層化による再開発スキーム。

そこに課題はないのだろうか。

私たちがまず着目したのが、再開発計画を進める上で不可欠な「地権者の同意」につい

てだ。

再開発を進めるには、都市再開発法という法律で地権者全体の3分の2以上の同意を得る必要があると定められている。ただ、この同意率をめぐっては各地の再開発でトラブルになっている。実際に取材した都心のある一等地で起きていた事例を紹介しよう。

「地権者が突然増え、同意率に影響した現場がある」

こんな話を耳にして取材に向かったのは東京都港区。その地区は、ビジネス街としてにぎわう都心の1等地だ。去年夏に再開発事業の工事が始まり、数年後、さら地になった1ヘクタールほどの土地に新たな高層ビルが建てられる計画だ。

この土地の元地権者の一人から話を聞くことができた。弁理士をしている男性によると、この場所では10年ほど前から「まちづくりを考える会」が立ち上がり、再開発に向けた機運が高まっていた。しかし、男性は土地や事務所を明け渡さなければいけない再開発には反対で、地権者の間でも賛否が分かれていたという。元地権者の男性は次のように語った。

「再開発をすると個人の土地はなくなってしまうので、新しいビルの床をもらってもあまりメリットはないと考えていました。『親子3代で商売しているから』などの理由で、同じように反対する地権者はほかにもいて、できたら地権者全員が納得した上で計画を進めてほしいと考えていました」

市街地再開発事業を進めるには、先ほど紹介したように全地権者の3分の2以上の同意が必要だが、港区を含む一部の自治体では、できる限り多くの賛同が望ましいとして地権者の概ね80％の同意を得るよう指導されていた。男性の地区でも必要な同意には達しておらず、しばらくは計画がストップしたままになると考えられていたところ、２０２０年冬、港区の担当者から「同意が集まったので、再開発に向けた行政手続きを進める」と告げられたという。

不審に思った男性が土地の登記を調べて見ると予想外の事態が起きていた。いつの間にか全体の地権者数が51人から58人に増加しただけでなく、新たに増えた地権者がいずれも再開発に賛成する立場に回ったことで、概ね80％の同意を上回る結果となったというのだ。

なぜ、地権者が7人増えたのか？　男性は登記簿を見て、ある事実に気づいたという。

次に記す図をもとに説明しよう。再開発を手がけていたデベロッパーの子会社が所有する土地が、分筆(ぶんぴつ)（一つの土地を複数に分けて登記すること）され、２００平方メートルを超える二つの土地と20平米あまりの三つの計五つに分けられ、このうち四つがそれぞれ異なる会社に売却されていた。さらに、デベロッパーが権利の一部を持っていた別の土地も三つに分筆され、ここでも地権者が増えていた。分筆により増えた地権者は先述のようにい

図　土地の分筆により増えた地権者は賛成に回っていた

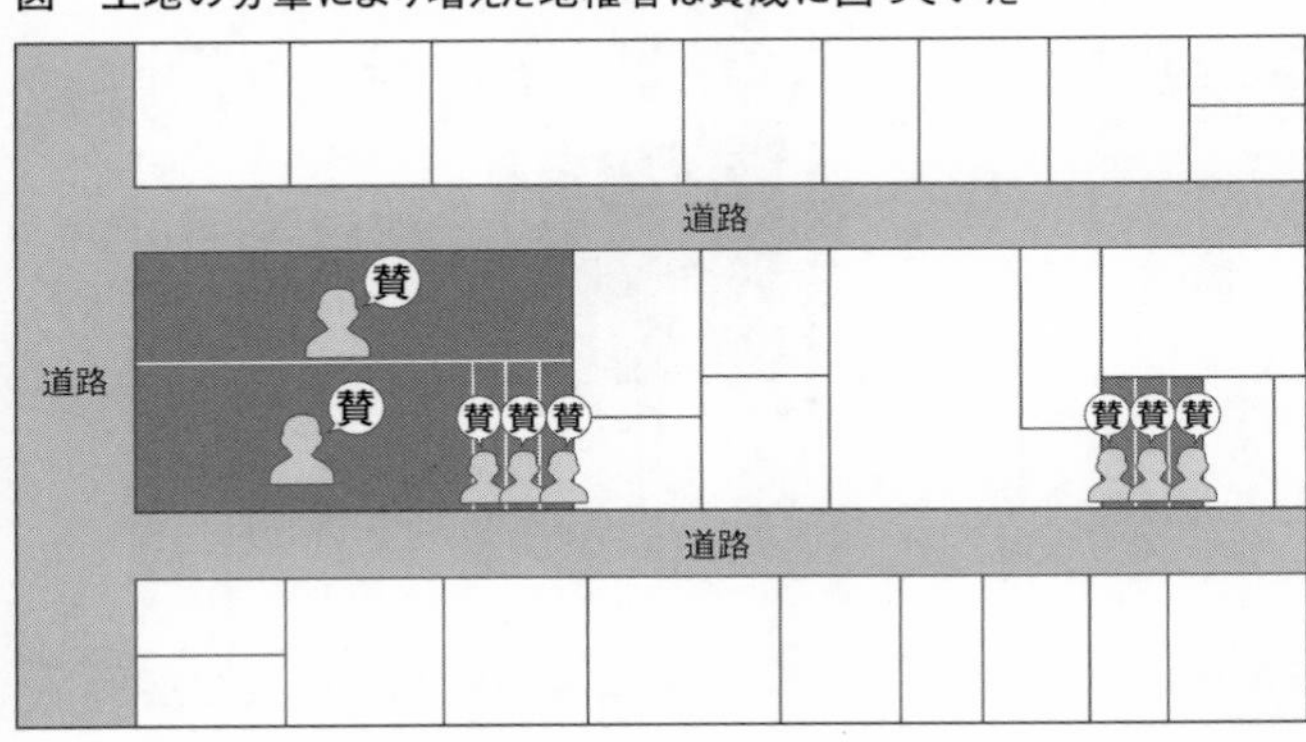

ずれも賛成に回ったこともあり、男性は一連の土地取引は、再開発に必要な同意を達成する目的だったのではないかと疑念を抱いたという。

元地権者の男性はこう話す。

「土地を分割して地権者をどんどん増やしていく、同意者数の分母を変えていくようなやり方ってやっぱりおかしいと思いました。これだと反対する人がいくらいても再開発に必要な同意率は達成されてしまうことになるので、地権者の権利は守られなくなってしまうと思います」

区の審議会でも議論

実はこの取引は、港区の都市計画審議会（2021年2月）でも議論になっていた。当時の議事録を確認すると、港区は事業者側への聞き取りの結果、「同意率を増やす意図をもって分筆してい

図　反対派が8分筆で対抗

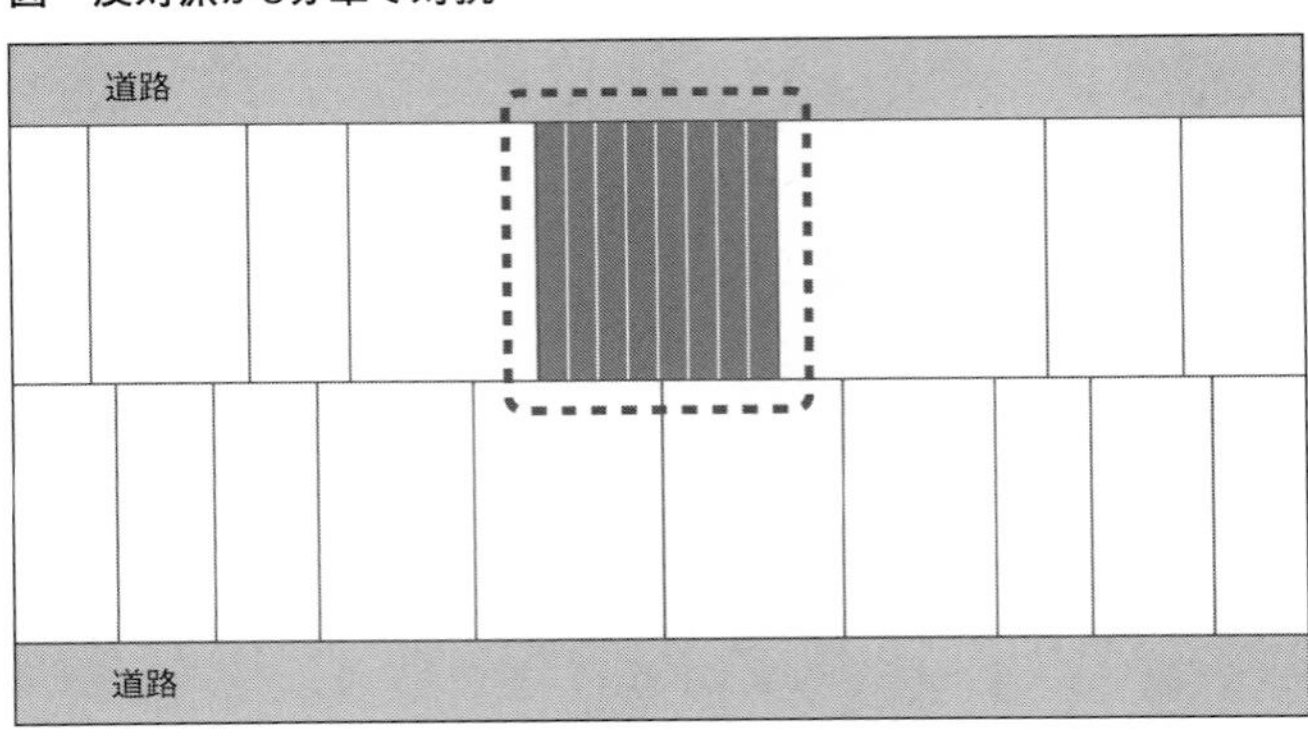

ない」と回答があったと報告。区としても、手続きは「法律上問題ない」という見解を示していた。しかし、議事録には複数の委員から異論が上がっていたことも記されていた。港区都市計画審議会の議事録から引いてみよう。

「一般的に考えたら、こんな小間切れの土地に分割するってことは同意者数を増やすための一つの手段ととられても仕方がない」（区議）

「これは脱法行為ととられかねないおそれがあるような分割だと思う」（大学教授）

議論の結果、地権者から疑念が示されたという付帯意見をつけて、再開発に関する都市計画は了承され、事業化に向けて動き出した。

当然、一部の地権者はこれに納得したわけではなかった。男性とは別の再開発に反対していた地権者が、自らの土地を分筆して地権者を増やす対抗措置に打って出ていたのだ。もともと一つだった土地が八つに分けられ、新たに増えた地権者はいずれも反対に回り、同意率は下がった。

分筆した地権者は、取材に対して「デベロッパーに対抗するために土地を分筆した」と、同意率を下げることが目的だったと認めた。ただ、最終的には法律上、再開発に必要な同意は集まっていたため、事業は東京都から認可されて工事が始まることになった。

紹介した事例は地権者の同意をめぐるトラブルとしては奇異に映るかもしれない。しかし、私たちが調べたところ、同じように分筆によって同意率が変化した事例は、ほかの再開発現場でも確認された。過去には一つの土地が30にも分筆され、地権者が大幅に増えたケースまであった。国土交通省にこうした分筆の横行について見解を尋ねると、以下のような回答が寄せられた。

恣意的な分筆と通常の売買に基づく分筆の外形的な区別は難しい。どのような対応が必要かについては、制度改正の要否も含めて慎重に検討する必要があるものと考えています。

「保留床」の活用――神宮外苑再開発から

続いては、先ほども少し触れた「保留床」の問題だ。

「保留床」は再開発のスキームが地権者の「持ち出しなし」で成立するためには不可欠な要素である。それというのも、事業者はこの保留床を処分することで、工事費に充てることが多いからだ。

これは議論を呼んでいる明治神宮外苑の再開発でも同じ構造だ。

事業者の三井不動産が自治体に出した事業計画書をみると、支出の項目には、総額３４９０億円あまりの事業費が計上されていて、その全額を「保留床処分金」で賄うと記されていた。鍵となるのは新たに建てられる3棟の高層ビル。これによって生まれた「保留床」を活用し、得られた収益などで神宮球場を含む一帯の再開発にかかる事業費を補塡するとしている。

私たちの取材に対して、事業者は「保留床」の活用により、公的な支出に頼ることなく事業が進められると説明した。三井不動産の取締役、専務執行役員の人物は次のように答えた。

「今回の事業においては、公的な資金、補助金みたいなものはない形で、この事業を成立させられるように計画しています。我々が事業をあそこでやらせていただいて、そこでしっかり稼いでいくということも、経済的に必要なのは、自明だと思っています」

高層化により多くの「保留床」を生み出し、それによって事業費を工面する。高層化の再開発はそのスキームが機能する限りは、地権者、事業者、行政のいずれも最小限の負担で建物を更新できるとされる。ただ、そこに綻(ほころ)びはないのだろうか。実際、危うさも潜んでいると指摘する事業者はいる。大手デベロッパーの担当者は次のように語る。

「今は都市部においてマンション需要が高く価格も上がっているが、この状況がずっと続く保証はない。金利の上昇などに伴って変調して、需要が落ち込むことは十分考えられることで、そうなればこれまで成り立つと考えていた再開発事業を急に見直さざるを得ないおそれもある。現状、建設コストが下がる様子はなく、事業完了までどうなるか見通せないリスクは常にある」

想定外？　各地の再開発で工事費増加

事実、それを裏付けるような事態はすでに私たちの足元で進んでいる。それは、世界的な資材価格の高騰や建設現場の人手不足などによる工事費の上昇である。私たちはその影響を調べるため、首都圏の1都3県において2024年1月時点で認可され事業が進められている71地区についてアンケート調査を実施した。

この中で、「工事費が上昇したり、上昇が見込まれたりしているか」を尋ねたところ、「ある」と回答した地区は全体の7割を超える46地区に上った。

この結果をみると、すでに各地の再開発が費用や時期などの面で計画通りに進む見通しが立たなくなっていることがうかがえる。各地の再開発現場の詳細な実態は、実際に取材した記者やディレクターたちが本編で展開しているので、ぜひご覧いただければと思う。

岐路にたつ高層化による再開発だが、私たちはもちろん個々の再開発自体を評価する立場にはない。ただ、この国は先の大戦での敗戦から異例のスピードで復興を遂げ、世界に類をみない経済的な繁栄を実現させた。その過程で古いものを壊し、新しく大きくつくり替えるというサイクルにあまりに慣れすぎてしまってはいないだろうか。

地方では、人口減少社会が加速し、かつてのような経済成長を求めることが困難となり、ヒト、モノ、カネといったリソースにすでに限りがみえている。

東京も一見すると勝ち組の様相を呈しているが、こうしたリソースの過度な集中によるひずみが、すでにさまざまな形で噴出し始めている。

その一例が2024年1月に入居が始まった元選手村の晴海フラッグだろう。ここは抽選倍率が最高266倍となるなど異常な事態となっていたため、私たちはその動向を注視していた。そして、この取材班にも入っている牧野記者が中心となって調べた結果、ファミリー層向けに提供されるはずの部屋が、多くの法人に投資目的で買われている実態が初めて明らかになり、私たちはクローズアップ現代や首都圏情報ネタドリでその内容を詳報した。

晴海フラッグは東京都の市街地再開発の事業で、その土地などの整備には東京都が540億円もの巨額の予算を投じている。希少な公有地での再開発が投資の舞台となり、入居を希望したファミリー層が結果として排除されている現実に私たちは強い憤りを覚えた。こうした現実を直視しないまま、今後もこれまで同様のサイクルを追い求めるしかないのかということを、今一度立ち止まって考えるべき時期だと強く思う。

本書の最後では、今の高層化による再開発スキームの課題や、その計画がほぼ当事者間（地権者、事業者、行政など）のみで決められていく制度への疑問について、専門家に見解を寄稿していただいている。

本書を手に取っていただいた方々が、自身が暮らす街で進んでいる身近な再開発に関心を持つきっかけになってくれれば幸いである。

第1章
未曽有の再開発ラッシュから見える日本の〝今〟

1　千代田区秋葉原——賛否の声は届いているか

秋葉原の顔が高層ビルに？

電気やサブカルチャーの街として外国人観光客にも人気の東京都千代田区の秋葉原。アニメやゲーム、電子部品の専門店などが立ち並び、多くの人を惹きつけるこの街でも再開発の計画が持ち上がっている。

再開発の対象になっているのは、秋葉原駅前の一角。家電量販店「オノデン」や「エディオン」などが立ち並び、看板には昭和の香りを残すネオンサインも見られる秋葉原の顔とも言えるエリアだ。計画では、家電量販店などのビル群を取り壊してオフィスや商業施設などが入る最大で高さ170メートルの超高層ビルと、ホテルなどが入る最大で高さ50mのビルを建設する。さらには、神田川沿いに船着き場と親水広場をつくって、高層ビル群と遊歩道で結ぶことで回遊性を高めることも狙いとされている。

図　秋葉原の再開発地域

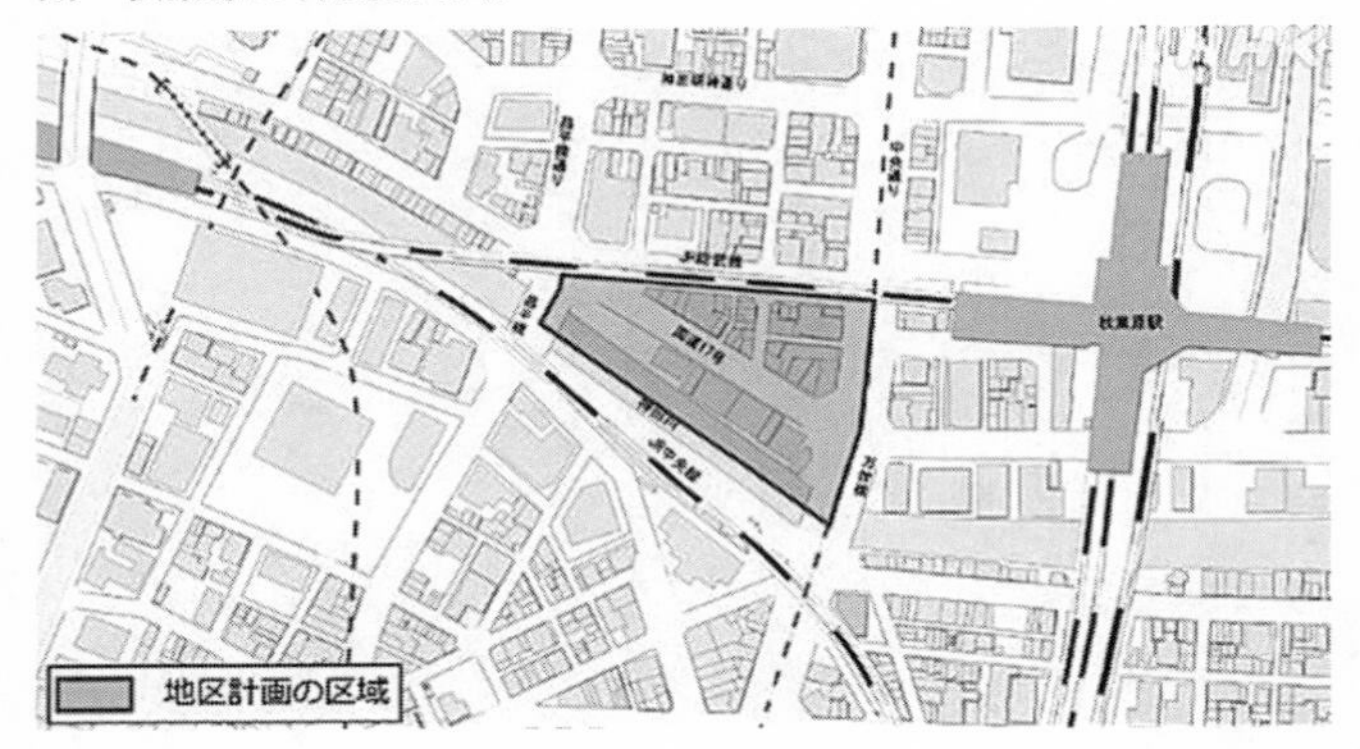

千代田区資料より

画像提供　NHK

あなたにとっての秋葉原とは？

「電気」「サブカル」などのイメージがある秋葉原だが、そもそもどのような人たちがこの街に集まっているのだろうか。そこを歩いている人からは、次のような声が集まった。

「アニメとかゲームでにぎわっていて外国人の観光客がたくさん来ているイメージです」（20代女性、栃木県）

「アニメが好きで5年ぶりに来ました。自分にとっては特別な場所です」（20代男性、宮城県）

「アニメと電気があふれている街のイメージです」（20代男性、台湾から旅行）

「外国からの旅行者がすごく増えている。電気やアニメが目的で来ているのかなと思います。古い電気街はすてきだと思いますが、1人だと入りづらいです」（30代女性・秋葉原勤務）

大勢の外国人旅行客に加えて、地方からわざわざ足を運んでいる若い世代も多くいた。この世代では、アニメの街のイメージが強いようだ。

ただ、50代以上の人に聞くと、違ったイメージを抱いているという声が聞かれた。

「電気街のイメージです。昔はふらっと部品を買いに来ました」（70代男性、茨城県）

「すごく混沌とした街ですよね。若いころは電気街のイメージでした。いつの間にかアニメとかサブカルチャーの聖地になっていた」（50代男性、徳島県）

取材をしていると30年前から足しげく秋葉原に通っているという男性に詳しく話を聞く

秋葉原の再開発をめぐって賛否は分かれている

ことができた。男性は以前の勤務先が近かったため、パソコンの部品や漫画、同人誌などを購入するために頻繁に秋葉原を訪れるようになり、今も週に1回は秋葉原を訪れるという。

この日は家の壁にあるスイッチが壊れたので買いに訪れていて、街の魅力についてこう語る。

「パソコンの組み立て用のパーツも古いものや珍しいものが秋葉原ならある。種類も多く値段も安い」

私たちは男性に、この街に持ち上がっている再開発計画についても聞いてみた。すると、「やはり寂しいですよ」と言いつつも、こう語ってくれた。

「雑居ビルが立ち並んでいるのが秋葉

原。新しいビルが建って小さいお店がなくなってしまうのは寂しい。でも時代の流れはあるし、昔ながらのものと新しいものが混在するのも秋葉原だと思います」

地元の推進派が訴える、魅力創出

新たなにぎわいをもたらす起爆剤になると期待されている今回の再開発計画だが、これまでの景色が大きく変わり、秋葉原らしさが失われるのではないかという意見も根強く、地元では考え方が分かれているという。

この地区の地権者の一人で再開発準備組合の理事長も務める「オノデン」の小野一志(おのかずし)社長を訪ねると「秋葉原の新たな魅力をつくり出すためには必要な再開発だ」と狙いを力説する。この地域では、雑居ビルの老朽化で、防災面への不安に加え、街並みの更新が進まず魅力が低下しているのだという。

確かに再開発が計画されているエリアは古くからの量販店や小さな電気店、飲食店などが立ち並んでいるものの、他の秋葉原内の地域と比べると人通りが少なく見える。

多くのビルは老朽化しており、地権者の中には、自費で新たなビルに建て替えるよりもこの一帯をまとめて、高層ビルという形で建て替えるのが、街全体の更新につながると考えている人も多くいるそうだ。また、小野氏は「電気街はもう終わった」と語る。

秋葉原は戦後の電子部品の闇市から始まり、高度経済成長期以降は白物家電を中心に家電量販店が活況を呈し、小野氏の「オノデン」にも連日、多くの買い物客が訪れた。しかし、平成に入ると次々に大型の家電量販店が台頭し、周辺にあった電気店は軒並み閉店を余儀なくされた。価格や品ぞろいの面での優位性が損なわれ、秋葉原は電気の街ではなくて、アニメやゲーム、メイド喫茶などサブカルチャーの街に変化していった。

小野氏も時代の変化に対応しようと、苦慮している。自身の店舗は地下1階から5階まですべて家電を売っていたが、今は家電を売っているのは、1階から3階のみ。他のフロアはアイドルのイベントなどに貸し出すなどして収益を得ているという。

「電気街だったのは20世紀まで。今はアニメが席巻し、外国人も多く訪れているが、秋葉原に来て楽しめる場所は少ない。再開発でできるビルや大型の広場を多くの人がイベントなどで集える拠点にしていきたい」

異を唱える地権者も

こうした推進派の意見に異論をさしはさむのは、同じくこの地区の地権者で長年、電気店を構えてきた「石丸電気」の元社長、石丸俊之氏だ。

「高層ビルは新宿にも渋谷にもある。金太郎飴みたいな街をつくって、魅力があるのだろ

再開発反対派による記者会見。石丸氏も出席している

うか」

石丸氏によれば、秋葉原の魅力の源泉は商売人の自助努力によって形づくられてきた「街の変化」と「混沌（こんとん）」だという。秋葉原が、電子部品の街から白物家電に、そしてアニメ、ゲームの街へと変化を遂げてきたのは、計画的なものではなくて、時代の変化を敏感に感じ取って自由に商売をできる土壌があったからだと説明する。これを高層ビルの建設によって、計画的に新たな魅力をつくろうとしても、これまでの街の個性やたたずまいを損ねてしまい、魅力のあるまちづくりができるのか疑問に感じているという。

老朽化したビルの建て替えについても本来は地権者がそれぞれの責任で行うべきもので、「再開発で高層ビルを建てればいいというのは安易ではないか。それぞれが自助努力で商売をしてきた街だからこそ多くの人が魅力を感じて集まってきていたのではないのか。再開発が本当に街のためになっているのだろうか」と首をかしげる。

賛否分かれるなか、区の議論は

この計画をめぐっては、30あまりの地権者の間で賛否が分かれ、事業を進めるのに必要な地権者の3分の2以上の同意が得られるかが焦点となっている。

千代田区では、これまでに法律に定められた公聴会などを行い、2023年7月、学識経験者らでつくる区の都市計画審議会に都市計画案が諮（はか）られ、賛成「8」、反対「7」の僅差で了承された。

多くの場合、都市計画が審議会で了承されることは計画が実施に向けて大きく前進したとみなされるが、地権者の同意については厳しい状況が続いている。

2023年12月の時点で民間の地権者のみの同意率は64％あまりで、計画を進めようとしても東京都から認可を受けることはできない。しかし、区は、態度を保留していた地権者が賛成に回ったことや、この地区の地権者でもある千代田区、東京都、国の3者が同意に回った場合は必要な同意率を上回ると説明している。区は計画に同意するかどうか明確な態度は示してはいないものの、計画は公共的な意義があるものだとして、推進の立場で検討を進めようとしている。

同意率がぎりぎりの中で進められようとしているこの計画は十分な住民合意を取れていないのではないかという見方もある。港区などはおよそ8割の同意率を得ることを独自に目安としている。反対の立場からは「行政が前のめりになっているのはおかしいのではないか」という指摘もあり、石丸氏は「再開発は民間発意のものであり、行政は中立な行司役であるべきだ。行政が3分の2の同意に関するキャスティングボートを握る状況になっていることに違和感がある」と指摘している。

合意形成のプロセスに疑問の声が挙がる中でも再開発計画が進められているのはなぜか。

再開発計画の地区内に葬祭場を所有する地権者の1人でもある千代田区は「川沿いの環境向上」、「秋葉原にふさわしい機能の導入」、「建物の耐震化」など、この地区に定められたまちづくりの基本構想の実現を図るものであり、極めて公共性・公益性の高い事業と認識していると説明する。葬祭場などは狭小で老朽化が進んでおり、建て替えが必要だが、代替地を確保して単独で建て替えるのが困難なことも大きな理由だとしている。

また、地権者によって平成27年に再開発準備組合が設立された後、地域や区議会からのさまざまな意見がある中で、区民向けの説明会の開催や区議会での議論など丁寧に手続きを進めてきたともしている。同意率が3分の2に満たない中でも計画の検討を進めようとしている理由については、再開発に関わる事業者に対し、

- 複数の地権者から建物の老朽化が激しく地震による倒壊が怖い。
- テナントから設備更新を要請されているが、再開発の話がある中で投資ができない。

などといった声が挙がっているとして、速やかに進めるか進めないか判断する必要があるため、都市計画審議会に都市計画を諮ることになったのだと見解を示している。

持ち出しなしで建て替え——地権者側の思惑

法律で定められる同意率のギリギリとはいえ、およそ3分の2の地元の地権者が同意するのにも大きな理由がある。それは再開発によってそれぞれの地権者が費用を出して自分のビルなどを建て替えるのに比べて、まとめて建て替えて高層ビルにした方が利益のあがる可能性が高いと考えている人が多いからだ。

自分で商売を営む人もいれば、テナントに貸し出す人もいるが、自ら建て替えれば費用を負担した上で、その間の商売や貸し出しによる収入もなくなる。対して再開発事業では建設される高層ビルの保留床をデベロッパーに買い取ってもらうことで、建設費が捻出されるため地権者たちの持ち出しはゼロとなる。新たなビルにはもともと所有していた建物

などの価値と同等程度の床を取得することになる。

新たなビルの中では、これまでの商売を続けることもできるし、売却したり貸したりすることで収益を得ることもできる。後継者がいない店舗や商売の継続性に不安を抱える地権者にとっては、渡りに船と言える状態になるのだ。

取材をしていると、計画に賛同する地権者からは「老朽化した建物の建て替えは必要だと思っているが、自分たちのお金で建て替えるのは難しい」などという声も聞かれた。区としても防災力の向上や街のにぎわいの観点から建て替えを促したいが、こうした地権者の事情も踏まえて、再開発というスキームを活用することで秋葉原らしさを残しつつ、課題の解消にもつなげたい考えだ。

今やらなければ、秋葉原がダメになる？

実は秋葉原の再開発は計画が持ち上がってから20年ほどが経過している。当初は必要性を感じなかったが、近年の秋葉原の状況を見て、推進の立場を明確にした地権者に話を聞くことができた。「東洋計測器」の八巻秀次（やまきひでつぐ）社長は１９５１年に父が創業した会社を引き継ぐ2代目だが、時代の変化とともに秋葉原に人が集まらなくなる危機感を感じているという。

「以前と同じように見えるお店も商品の中身を変えたり、卸し先を替えたり大きく変化をしている」

八巻氏の会社では以前は店頭での販売が売り上げの大半を占めていたが、今は全体の1割に満たない。その代わりに「アマゾン」などのネット通販に卸すことで売り上げを確保している。

しかし、手数料を払う必要があり、利益率は大きく減少しているのだという。八巻氏によれば他のお店も多くが同様の状況で、まだ、店に経営の体力があるうちに再開発を行って秋葉原を再び活性化することが必要だと考え、計画への賛成の立場を明確にしたのだと話した。

その代わり、新しいビルの低層部には、秋葉原らしさを残していくことが必須だと主張している。個人商店が並ぶ場所やイベントスペースをつくることで個人の商店主が出店できる機会を確保していく方向で、再開発の事業者などと協議をしていると明かした。

「昔ながらの雑多な街並みが大事だという声もあるが、それは昔ながらの良さを感じてくれる人がいてこそ成り立つ話。このままなにもせず、各店主がどんどん高齢化して自分の土地や建物を売ってしまって秋葉原の良さがなくなってしまうのであれば、まだ各店主が元気なうちに少しでも秋葉原の特色を残すための再開発が必要だと考えている。どちらにしても、今の形がなくなるのであれば、打って出て少しでも残すために再開発をしたい。それはこの街に育ててもらった恩があり、恩返しをしたいと思うから」

高層ビルに秋葉原らしさを残せるのか

高層ビルを建設しながら秋葉原らしさを残せないかという模索がなされていることはわかった。ただ、賃料の高い高層ビルのテナントはそれまでに比べて家賃の相場も上がるため、一般的に資金力のある大手チェーンなどが中心になりがちだ。

現在、商売をしている人もこれまで通りお店を続けられるのかどうか、悩みを深めている。再開発では、もともとの地権者が所有していた土地や建物の権利をなくす代わりに新しい高層ビルの中に「権利変換」という形で、今まで所有していた土地や建物の価値に基づいたフロアがあてがわれる。

これは今までと同じ床面積がもらえるわけではなく、もともとの資産価値が低ければ、新しく得られる床面積は狭くなる。そうすると、これまでと同じ面積のお店を開くには、自分で新しいビルのフロアを買い足さないといけない。今と同じ場所や建物で商売や生活を続けていきたい人にとっては不都合な場合もあるのだ。

問われる採算性

今回の計画の地区内に住む自営業の40代の男性は、再開発そのものには反対していないが、今後もこれまで通りの商売や生活ができるのか不安を抱えている。築およそ50年の6階建てのビルは店舗と倉庫、祖母までの3世帯の住居がいっしょになっている。

もともとはリフォームを検討していたものの、再開発の話が持ち上がったため、取りやめている。新しいビルではどれくらいのフロアの権利が得られるのか、再開発に関わる事業者などに説明を求めたものの、金銭面などの具体的な説明はなかったという。

男性は、子どもの代に権利を引き継ごうと考えてきたが、新しいビルの中で住宅と店舗に関わる場所を十分に確保できるのか、大きな不安を抱えている。

「始まってしまうとやめることはできない。再開発の話が進んでいる感じではあるので、反対も難しくなってきていると思っている」

賛否の議論は採算性にも及ぶ。「石丸電気」元社長の石丸氏が疑問を感じているのが建設工事費の高騰への対応だ。一般社団法人日本建設業連合会が公表するデータでは2024年3月までのおよそ3年間で資材価格は3割ほど上昇している。

一方で、現在公表されている事業費は2021年7月時点の854億円が最新のものだ。石丸氏は工事費が上昇を続ける中で、過去の数字をもとに議論をするのは難しく、最新の状況を示してほしいと主張している。

「数字の裏付けがあるのか。こんなに原価が変動している中で、総事業費がどうなるのか、建った後の収益性を賛成の人のうち、どれくらいが理解しているのか。普通の民間事業であれば事業計画や具体的な数字を出さないと事業を進められない。秋葉原は民間発意の開発なので、事業者などが説明すべきだと思う」

これに対して、区などは工事費も試算にすぎないことから事業計画が具体化していく中で、算定された最新の事業費を説明していく方針だ。確かに工事費は変動が激しく試算通りにならないことも多いため、試算をその都度示すのが難しい事情がある。ただ、計画が具体化すればするほど、議論の余地がなくなるのが日本の再開発の実情でもある。

構想段階から具体的な議論ができる根拠を示していかなければ、秋葉原に限らず住民の賛否が水掛け論にならざるを得ないとも言えるだろう。

都市間競争をどう生き残るか

秋葉原の事例は都市間競争にさらされる日本の再開発をめぐる議論の象徴とみることもできる。「古い街並みを残すのか」、それとも「壊して新しいものをつくるのか」という単純なものではない。秋葉原では、選ばれる街、繁栄し続ける街であり続けるためにはどのようなまちづくりをするべきかという公共的な議論と、老朽化が進む雑居ビルや住宅などの個人の資産をどう刷新するのがいいかという議論が混在している。

取材者として、賛否それぞれの地権者から話を聞く中で感じたのは、将来の秋葉原のあり方を真剣に考えようとしている点はどの立場においても変わらないということだ。

ただ、地権者それぞれに経済的な事情がある。再開発というスキームが示されれば、自力で老朽化したビルを処分するよりもいいと考える人も多い。結果的には、地権者個人の都合や事情が広域の再開発事業への同意や賛否にそのまま直結することも出てくる。

秋葉原では地権者だけではなく、場所を借りて商売をするテナントの中からも議論に参加しようという動きもみられている。街は地権者だけでなく、そこで働く人や遊びに訪れた人など多くの人が関わる場所だ。

日本国内だけでなく、世界の都市間競争を勝ち抜くためには、広い視野で地域のまちづくりをどのようにしていくのかを考えていく必要があり、結論ありきではない、具体的な議論ができる仕組みが必要とされている。

2 福岡市——選ばれる都市を目指して

未曾有の再開発「天神ビッグバン」

100年に一度とも言われる再開発が、福岡市で進行している。その一つが、「天神ビッグバン」と銘打たれた一大プロジェクトだ。福岡市の中心部、半径およそ500メートルの範囲で国家戦略特区による航空法高さ制限の緩和や市独自の容積率の緩和により、2030年代までにおよそ100棟の建て替えが見込まれている。

一方で、全国各地では、資材価格の高騰や人材不足などで再開発が暗礁に乗り上げることも少なくなく、さらに、コロナ禍以降のオフィスフロアの需要減という構造変化もあり、「建てれば埋まる」ビルの再開発は、岐路に立たされている。そのような状況の中、福岡市が進める「天神ビッグバン」、その狙いを取材した。

「天神ビッグバン」を牽引する福岡市。目玉施策の一つとして、2010年の就任以来進めてきた高島宗一郎市長が、インタビューに応じた。高島市長がきっかけの一つとして挙げたのは、マグニチュード7を記録した、2005年の西方沖地震だ。

「福岡の中心部のビルが大きく揺れて、窓ガラスが飛び散る衝撃的な映像がテレビで流れました。福岡の中心部は耐震強度が昔の基準のままの建物が多くて、それでいて建て替えが進んでいないことが原因でした」

地震の観測を始めた明治37年以来、震度5以上の揺れがなく、地震が少ないとされてきた福岡市。だが、一人が亡くなり、5200棟に及ぶ住宅被害に湾岸地域の液状化など、目に見える被害をもたらした西方沖地震は、福岡に暮らす人へ深い衝撃を与えた。

さらに今、福岡で危惧されるのが、〝Sクラス〟断層の脅威だ。天神エリアには、玄界灘から福岡平野にかかる活断層「警固断層」が分布している。ひとたび地震が起きれば、マグニチュード7・2、死者は市内で400人以上に達するとされる。そうした地震のリスクの前に、ビルの建て替えは喫緊の課題とされている。

「日本一便利な空港」便利さの反面、課題も

だがこれまで、天神エリアのビルの建て替えは、遅々として進んでこなかった。高島市長がネックとして挙げたのは、建物の「高さ規制」だ。

「なぜ進んでいないか、実はいろんな規制の問題があって、建て替えると今よりも床面積

（上）「天神ビックバン」による再開発が続く、福岡市の天神地区
（下）左は高層ビルの建設が進む「福ビル跡地」（2023年9月）

を狭いビルにしなきゃいけない。オーナーがとても『建て替えたい』と思わないような、そういう規制があることがわかった」

旧耐震基準でつくられたビルが多く残っていた、天神エリア。現行のルールでは容積率が超過する建物も多く残存し、建て替えとなれば、総フロア面積の縮小を伴う、実質的な「減築（げんちく）」となるビルが多くなることが見込まれていた。

ならば、ビルを高層化してフロア面積を確保し、収益を得るのが再開発の定石である。だが、空港からおよそ5キロメートル圏内にある天神エリアでは、飛行機が上空を行き来することから、高層化にも制限があり、多くのビル所有者が建て替えに踏み切ることができなかったのだ。

袋小路にあった天神エリアの再開発だが、本格的な始動のきっかけとなったのは、国家戦略特区を活用した航空法高さ制限の緩和である。航空法によって規制されてきた、福岡市中心部の建物の高さ制限が最大で約115メートルに引き上げられるなど、エリア単位の規制緩和が実現した。さらに、市独自の容積率緩和などを組み合わせ、「高く」「広い」、より収益性の高いビルへの建て替えが可能となったのだ。

高島市長は、これらの取り組みにより耐震性を備え、かつ先進的なビルに建て替えていくことで、高付加価値なビジネスが集積できるまちにもつながると考えている。

「昔と違って、今は情報が一番の商材になっていて、それだけの付加価値を扱う企業は、それなりのハードがないビルには入居しない。福岡のように、古いビルしかないと、企業誘致をするにしても呼べる企業が制限されてしまうという課題があった」

"投資マネー"が福岡を目指す

既に計画の半分あまり、50棟ほどが建てられ終わった街の中心部では、「天神ビッグバン」の活気を見込んだマンション特需に沸いている。

私たちは、再開発が進む天神エリアから徒歩圏内にある、とあるマンションを訪ねた。このマンションは、1億円を超える部屋を含む、いわゆる「億ション」。九州では最高価格帯であるにもかかわらず、販売開始から半年で約7割が成約に至っており、このマンションを扱う企業の担当者は、その「およそ半分が投資目的だ」と分析する。

「福岡のマンションは、福岡の方が購入したり、問い合わせをしたりするケースが多かったのですけれど、それが九州全域に広がって、今は首都圏からのお問い合わせも非常に多い。天神・博多の開発ということで、全国的にも注目されているというのもあります。進学や就職などで、若い方が福岡市内に集まりますし、仕事を退職したあとの娯楽とか病院とか、そういったものも中心部に集約されているので、物もお金も集まっている状況だと思います」

投資を目的とした購入は、国内だけでなく、海外からも増えている。

取材班が向かったのは、福岡市内のとある不動産仲介企業。ドアを入ると、早速聞こえたのは早口の英語だ。この日、取材に応じてくれたのは、宝石流通企業の役員を務める、フランス人の男性。今なぜ福岡の物件に注目するのか。

「東京では、賃貸物件の利回りは4％かそれ以下ですが、福岡ではその倍の8％を見込むことができます。利回りという視点から見れば、福岡がより最適です。雇用が多い福岡では、賃貸住宅の需要も多い状況が続くと見ていて、投資に最適な場所だと確信しています」

福岡市内をはじめ、県内に数十もの物件を購入してきた男性。この日も、ビデオ通話を利用して、新たな物件の成約にこぎ着けた。

コロナ禍が落ち着いた2023年、この会社では、物件の問い合わせ数が前年比1・5倍になった。代表を務める男性は、海外から投資目的の不動産取引は、さらなる活況が続くのではないかと考えている。

「アメリカ、シンガポール、台湾、それから日本在住の外国の方……私たちが想像するような投資家だけではなくて、例えば主婦の方やサラリーマンの方など、普通の方が買っていく。円安でお買い得感があることと、日本中で人口がどんどん減少しているなか、福岡の人口増加率が非常に高いところが、福岡の物件が注目を浴び続ける理由ではないかと思います」

高まる需要を受けて、マンションが次々と建つ福岡市の中心部。市内の新築マンションの一戸あたり平均価格は4907万円と、「天神ビッグバン」以前と比べて、およそ1・5倍にまで上昇した。一方、福岡市近郊では、地域によって、中古マンションの流通件数がおよそ2倍になるなど、足元の実需は既に、郊外の物件に流れ始めているとみる向きもある。

急速に変わる街　期待と不安も

福岡で進む再開発。天神を歩く人からは、街が大きく変わることに期待と不安の声が聞かれた。

この1月、熊本から福岡市内に転職したという男性。再開発に伴う福岡の利便性や活気に加え、高まる期待感も、決断を後押ししたと語ってくれた。

「これから先も福岡で生活をしていく者としては、再開発は非常に楽しみではありますね。期待しています。新しくできたビルに得意先が事務所を構えていて、非常に近代的なビルに入るのがすごく楽しみで、これからまだまだそういうビルができていくんだなと思

福岡市中央区（福岡市役所付近）で（2022年11月）

うと、楽しみです」

一方で、高校生のころから天神エリアに通っていたという女性は、再開発が進む特定のエリアだけに盛り上がりが集中してしまうことを懸念する。

さらに取材班は、天神エリアで30年以上不動産仲介を手がけてきた男性からも話を聞いた。生まれ変わる街に強く期待する一方で、再開発のメインとなるオフィスフロアがはたして埋まるのか、不安な思いもあると言う。

「建て込みすぎた現実はありますよね。これから4棟、5棟、6棟とできていく中で、すべてのフロアを満たしていく企業数があるのかというと、そこまでは難しいところでしょうから、当初に計画されていいた外資の呼び込みとか、どうやったら国内の企業さんが、重要な機能を移し、福岡に置いてくれるのか、何か戦略を考えていく必要があるのかなと思います」

天神ビックバンの新たな〝象徴〟

2023年6月、大名(だいみょう)小学校跡地に開業した、「福岡大名ガーデンシティ」。九州初の五つ星の外資系ホテルをはじめ、オフィスフロアや商業フロアなどが入った、高さ111メートル、地上25階・地下1階建ての高層ビルだ。

計画段階から開発を牽引してきた事業者代表企業の担当者は、どのような建物にするか、地元の住民と福岡市との三者協議を5年間にわたって続けてきたと明かす。

「もともと、小学校であった場所を形が変わっても良いものにしてほしいという、地域の方々のこの地に対する想いは非常に強いと感じていました。ホテル、オフィス、飲食店に訪れた方、地域の方々など、様々な人が中央の広場を介して集まることによって、色々な交流やシナジー（相乗効果）が生まれたらと思っています」

取材班が訪れた12月の後半、高層ビルに併設した広場では、クリスマスマーケットが開かれていた。3000平方メートルの敷地に人工芝生を敷き詰めた広場が、この建物の特徴だ。雪のちらつく平日にもかかわらず、福岡市内から訪れたという家族連れや、県外か

旧大名小学校跡地に建てられた福岡大名ガーデンシティ

らやってきた学生たちの笑顔が見られた。地域の夏祭りや運動会も催されるなど、施設は、すでに天神ビッグバンの象徴の一つとなってきた。

見通せないオフィス需要も〝順調に進捗〟

広場の真横に立つのが、ガラス張りの高層ビル。その半分以上を占めるのが、真新しいオフィスフロアだ。広い面積を確保し、感染症対策やセキュリティ対策など、福岡では最高級の設備を備えている。目指したのは、〝アジアのリーダー都市・福岡〟への原動力。

しかし、2023年末の時点で、オフィスへの入居は6割ほど。海外企業の入居は未だゼロのままだ。ビルの開発担当者は、コロナ禍でのオフィス需要減が想定外だったとしつつも、テナントの呼び込みは堅調だと、取材班に語った。

「現時点では判断するものではないと考えています。我々としては、空室率ではなく、進捗率を基準としています。福岡で、2023年、オフィスの床が埋まった面積に対して10％以上がこの福岡大名ガーデンシティとなっています。そのような進捗をしているビルは他にはなく、順調に進捗していると考えております」

5％が供給過剰の目安の一つとされる、オフィスの〝空室率〟。開発が進んでいる天神エリアの空室率は、2023年11月には5・39％となった。

市は、天神ビッグバンを経て、総フロア面積が約1・7倍になると試算している。半分ほどが建て替わった2023年末の時点で、オフィスフロアだけで少なくとも1・3倍にのぼるなど、フロア面積は着実に増え続けている。

オフィスフロアの増加に伴って、自動的に需要が増えるわけではない

「福岡の経済の規模に対して、都市全体でどの程度の規模のオフィス床が必要なのかということを、考える必要があると思います」

福岡市全体で考えたとき、オフィスビルが供給過剰になる可能性を懸念するのは、九州

大学で都市計画を研究し、「天神ビッグバン」などのまちづくりにも携わってきた、黒瀬(くろせ)武史(たけふみ)教授だ。

「福岡で成長した新しい企業が新しいオフィスを構える、海外の企業が日本支社を福岡に置くなど、新しい需要が新しくできたビルで吸収されていくというシナリオが一番望ましいとは思います。また、スタートアップ企業への支援やイノベーションを意識した取り組みは、新しい需要の創出を狙った都市戦略だと理解しています。

ただし、実際にまず天神地区の新しいオフィスに入居する企業の多くは、もともと天神にオフィスがあり、工事期間中に博多や周辺地区に移転していた企業や、福岡市内で天神以外の地区から天神地区に移転する企業だと思われます。そうした企業が天神の再開発後の新しいビルに入居したあと、それらの企業が入居していたオフィスが一時的に空くという事態も考えられます。

新しく建設されたビルばかりを議論の対象とするのではなく、そうした『二次空室』を、どのように福岡の都市全体の成長や市民生活の質向上にうまく使っていくのか、そういった視点で考えていくことも大切なのだと思います」

「天神ビッグバン」がはじまって10年あまり、計画の半数以上が竣工し、生まれ変わりつつある福岡の中心部。福岡の再開発が、耐震性の高い建物への置き換えをはじめ、地下街と地上を結ぶ、バリアフリーな歩行者導線の整置を進めたことを評価する一方で、黒瀬教授は、福岡での再開発は今、何が求められているのか改めて議論すべき、新たな段階に入っていると指摘した。

「オフィスの床が増えたからといって、自動的に需要が増えるわけではありません。福岡市外の企業は、再開発によって災害に強いビルが生まれることに加え、福岡の経済成長の可能性や、勤務する社員のウェルビーイングの向上も含めて、オフィスを構える都市を選択し移転を決めていくのだと思います。だから、単純に新しいビルが開発されることだけを取り上げて議論するのではなく、福岡の都市としての魅力や、天神や博多の地区としての魅力・個性をどのように発信し、高めていくのか、これからしっかり考えていかないといけないだろうと思います」

鍵は「コントラストのあるまちづくり」

「福岡のポテンシャルは非常に大きいと思っていますので、しっかり再開発をしていく。そしてそこに、それなりの企業が入ってくれるという勝算はあります」

高島市長がこう語るように、市は、国内外のスタートアップ企業を呼び込もうと、独自の税制優遇策をつくり、さらに、行政、経済界、大学などで〝TEAM FUKUOKA〟を結成。国際金融機関の誘致を目指している。また、これらが裾野の広い産業になれば関連産業も福岡に集積してくるとし、〝アジアの国際ビジネス拠点〟を掲げている。

さらに市は、オフィスだけでなく、都心部周辺の魅力的なまちづくりにも着手。長浜の屋台街を公募によって復活させたほか、〝セントラルパーク構想〟を打ち出し、中心部にある舞鶴（まいづる）公園と大濠（おおほり）公園を一体的に活用することで、街の魅力を強化して、さらなる人の流れを呼び込みたいとしている。

高島市長が目指すまちづくり。鍵は、「コントラストのあるまちづくり」だ。

「福岡はまちづくりにおいて、コントラストのあるまちづくりを掲げており、例えば、天神は天神ビッグバンにより『高付加価値なビジネスが集積するエリア』、舞鶴公園や大濠公園は、『人々が憩えるエリア』というように、エリアによって個性をはっきりさせることで、その地域の個性を活かしたまちづくりを進めています」

人口減少時代の生き残りをかけて

およそ30分のインタビューで、高島市長がひときわ熱を込めて繰り返し語ったのは、将来的な人口減への備えだ。

「残念ながら、これから日本全体で人口が減っていく中で、すべての地域が人口を増やしていくのは現実的には無理だと思っています。これからの時代、どうなっていくか。多分、選択と集中が進んでいくだろうと思うんです。その時に、選ばれる都市になるのか、そうでないのかというのは、まさに今、各自治体がどれだけ努力をしているかというところにかかってくる。福岡に集中した大きなマーケットをつくることで、九州から若い人たちや優秀な人材の流出を避けるというような役割もあるわけです」

さらに、不可逆的な人口減少の時代に高島市長が目指すのは、「大きな夢がかなうまち」としての福岡だ。

「今どこの地域もそうですけれど、自分のまちで自己実現することが難しい。大きな夢をかなえるためには、東京に行くか、シンガポールに行くかということになる。福岡は、地元にいながら、自分の夢がかなえられるようなまちにしたい。九州各県どこに親が住んでいても、福岡であれば週末は顔を見せに帰れる。それぞれのエリアの中に、核となる経済圏がしっかりと存在することが大事だと思うんです。だから、福岡は九州のダムの堰（せき）としての役割を果たしていきたい」

全国でも類を見ない規模の再開発が続く、福岡市。取材を通じて感じたのは、ヒト・モノ・カネの集中が加速する、福岡の勢いだ。

人口減少が急速に進む日本で、異例の人口増加が進む福岡市。全国の政令指定都市のうち、人口の増加率・数ともにトップを記録し、2040年のピーク時には、170万人に達すると見込まれる。だが福岡市の人口増加は、九州全体の人口減少と合わせ鏡になったものであることを、私たちは同時に考える必要があるのではないだろうか。

福岡市における2018年から2022年の5年間の合計特殊出生率は1・19と、九州・沖縄の市区町村別でワーストを記録。再開発が進む中央区に至っては0・85と、市区町村別で全国ワースト6位を記録した。

他方、厚生労働省の国立社会保障・人口問題研究所によれば、2050年には福岡市を含めた福岡都市圏の人口はおよそ260万人と、九州全体の約4分の1の人口が集中するとされている。足元で進む超少子化にもかかわらず進む福岡市の人口増は、とりもなおさず、九州一円の人口減少と引き換えに成立していることに他ならないのだ。

一極集中か、バランスか――。再開発の先に待つのは、どんな未来だろうか。より良い発展とは何か、取材し、考え続けていきたい。

3　葛飾区立石——街の持つ個性と共存する道はなかったか

再開発地域にある老舗「しらかわ」

２０２３年8月末、呑兵衛の〝聖地〟が姿を消した。葛飾区・京成立石駅北口の一帯、およそ2・2ヘクタールを再開発することが決まり、地区内にある「呑んべ横丁」も取り壊されることになったのだ。京成立石駅周辺では三つのエリアで計画が進んでおり、北口再開発は、この中で初の事業化となる。

当初、２０２８年の竣工を予定していたが、解体工事が想定よりも長期化する見通しとなり、２０３０年に変更された。計画では１０６軒の住宅や店舗を解体した後、高層ビル2棟や交通広場を建設する。36階建ての西棟にはマンションや商業施設、13階建ての東棟には葛飾区の総合庁舎が入ることになっている。

「呑んべ横丁」があるのは対象地区の南東部分。２本の細い通路に木造の店舗がひしめき合う。頭上にトタンのアーケードが掛かっていることもあり、ほの暗く、昼間は人けがまるでない。しかし、日が落ち店々に明かりが灯ると、ぞろぞろと人が集まり、あっという間に熱気がこもる。肩をくっつけながら酒を飲み、サラリーマンが赤ら顔でマイクを握りしめている横で、お兄さんが恋愛相談をしていたりする。常連にとっては慣れ親しんだ昭和風情に浸れる場であり、若い人にとっては未知の世界を体験できる空間となっている。近くを通りかかれば、思わず足が向いてしまう魔の横丁である。

初めてこの場所を訪れたのは、解体工事が始まる1か月前のことだった。10店舗ほどが営業しているはずだったが、すでに退去した店もあり、路上には不要になった食器類が「ご自由にどうぞ」という張り紙とともに雑然と置かれている。まだ午後3時で、早く来すぎたかとも思ったが、どこからともなく味のあるデュエットが聞こえてくる。歌声をたどっていくと、奥まった場所に暖簾(のれん)が掛かっているのを見つけた。横丁に店を構えて40年、スナック「しらかわ」である。

広さは3坪ほど。L字カウンターの奥には年季の入ったカラオケ用のテレビが鎮座し、客席のスペースは極めて狭い。壁に背中をつけて座る形になる。ママの玉井征子(たまいせいこ)さん(80歳)が「何にします?」と冷たいおしぼりを渡してくれた。レモンハイとつまみを注文すると、玉井さんは手早く冷凍の枝豆を流水で解凍し、その間にボトルと炭酸を準備する。すべての動作が数歩の範囲内で淀(よど)みなく行われ、年月に裏打ちされた職人技のようである。

話を聞くと、もとは夜からの営業だったが、馴染みの客たちが早く来たいと要望し、徐々に開店時間が早くなっていったという。これだけでも玉井さんの人柄の良さがよくわかる。

玉井さんは福島県白河市の出身。店名は故郷から取った。高校卒業後、集団就職で上京した。結婚して3人の子どもをもうけるが、離婚し、40歳で夜の世界で飛び込んだ。「女一人で子どもを養うのに当時は選択肢があまりなかった」と話す。それから40年、玉井さんは一人で店に立ち続けてきた。しかし、移転先が決まらず、いったんは店を閉じることにした。

店の売りは玉井さんの歌声。雑誌に「立石のスーザン・ボイル」と紹介されて以来、ママとカラオケを楽しむために訪れる人も多い。「夕陽の丘」を入れた70代の男性は、鉄鋼メーカーの会社員として仕事一筋で働き続けた。帰りに寄るカラオケはいい息抜きになったという。定年を迎え、気付けば、歌う場所も同世代の曲で盛り上がる仲間も限られるようになっていた。

「今の年寄りってみんなカラオケやるんだよね。ここはね、ママと二人でデュエットして、別に古い歌を歌おうが何しようが関係ない」と男性は熱っぽく話し、玉井さんは優しく「誰も文句言わないしね」と応える。

日が暮れると、カウンターはすぐに埋まった。その中に一眼レフカメラで玉井さんの姿

『しらかわ』と玉井征子さん

撮影：Michael Leoncini

を収める女性がいた。消えゆく街の姿を残さなければと4年前に立石に引っ越してきたという。

「人がつくってきた歴史とか、そこで紡(つむ)がれてきた物語とかいっぱいあると思うので、それが全部近代的な建物になったり、便利なものになったりするというのは、無個性なことになると思いますし、すごく寂しい」

　女性が切り取った玉井さんや客たちの表情は自然で、翌月もこの光景が見られるような気分になる。街ごと消えるというのはあまりに現実味がない。

「しらかわ」には他にも多種多様なバックグラウンドを持った人が集まる。区外から仕事の愚痴を聞いてもらうために通う若者もいれば、ちびちびと一人で飲みに来る80代の常連もいる。中にはプロのカメラマンもいて「その画角でいい映像撮れるの？」とご指導をいただいたりもした。

　玉井さんのモットーは「一見(いちげん)さんが常連の始まり」。地位も職業も通っている回数も関係ない。互いの名前を知らないことさえある。ディープで近寄りがたい雰囲気もある横丁だが、ひとたび足を踏み入れれば、その懐(ふところ)の深さに気が付く。

「しらかわ」最後の日

玉井さんは大家から店舗を借りて商売を営む借家人である。基本的には通告があれば、立ち退きをしなくてはいけない。その代わり、移転費用や営業補償など再開発に伴い発生する諸費用が「通常補償」として支払われる。現状と同程度の建物を借りるための費用も含まれている。現店舗の家賃は約7万5000円だが、周辺で同価格帯の物件は見つからず、「10万円を超えると採算が取れない」と語る。横丁の中には、採算ラインであっても、店舗面積が著しく狭くなることから移転を保留している店もある。

80歳の玉井さん。あと何年店を続けられるかわからない中、新たに店を構えることにはためらいがある。仮に移転できたとしても、客がそのままスライドしてくる確証もない。梯子する客や雰囲気を楽しみに来ている人も多い。駅前という優位性も失う。

子どもたちは既に独立しており、生活上の必要性は薄れた。しかし、人生の半分をこの店で過ごし見知った顔もある。再開発がなければ、体が動く限り店を続けるつもりでいた。

「自分で辞めるのと、辞めさせられたのとは、やっぱ違うってことよね。辞めさせられたっていうんじゃないけど、出てけってことは、そういうことでしょ。自分の意思で辞めたわけじゃないからね」と悔しさを滲(にじ)ませる。

「しらかわ」最後の日。開店時間をいつもより早め、午後1時から営業することにしていた。下ごしらえをしながら、玉井さんは「いよいよ今日で終わりだわ。まだ実感がちょっと湧かないけどね。悲しくなってくるわ」とこぼす。この日、長年連れ添ったクーラーが上手く作動しなくなり、店内は一層蒸し暑くなっていた。

時間になると、常連客を中心に店はすぐいっぱいになり、外には行列ができた。取材の中で知り合った人も多く、最終日にもかかわらず私を温かく迎え入れてくれた。少しでも多くの人が入れるようにと、1、2杯で勘定を済ませ、結局時間を置いて戻ってくる客もいた。中には最終日だということを知らずに立ち寄る人も。いつもであれば「一見さんが常連の始まり」になっていたはずである。

皆口々に「何とか頑張って次の店を探して」「私が場所見つけます」と言う。客同士で新店舗の構想を練るが、玉井さんは「入れるといいね」とどこか諦めているようだった。

二人の娘も店に駆け付けた。次女の美幸さんは、子どもたちに肩身の狭い思いをさせまいと懸命に働く母の背中を見てきた。

「優しいと思うし、本当に強いと思いますね。泣いている顔なんて、叔父が亡くなった時しか、私見たことないかも。影で泣いているかもしれないんですけど」と団扇であおぎながら話す。玉井さんは「泣いている場合じゃなかったもの」と冗談っぽく笑った。

仕事の合間を縫って子どもたちを北海道旅行に連れて行き、成人式には新品の振袖を買いに行った。独立した今でも、一緒に野球を見に行く仲だ。

美幸さんは母を労（ねぎら）いつつ、今後については冷静に捉えていた。

「やれる環境があるんだったら、もちろんやってほしいですよ。ただ、年齢的なものもあるし、この辺が（再開発で）逆に地価が上がっちゃっているということもあって、それを考えると厳しいかなって」

氷が底を尽き、閉店の時間が迫ったころ、玉井さんがマイクを握った。店を辞めるときに歌おうと決めていた曲があるという。郷愁を誘うイントロとともにテレビ画面にタイトルが映る。ちあきなおみの「紅とんぼ」。新宿の店を畳むママの心情を歌った曲だ。

澄んだ声で歌い上げ、サビに到達すると歌詞をアレンジし、より力がこもる。

〈立石駅裏「しらかわ」よ、思い出してね、時々は――〉

客たちはなかなか区切りをつけることができず、お開きになったのは夜11時過ぎ。多くの人に見守られながら、玉井さんは暖簾を下ろした。撮影に入る前、この瞬間は湿っぽくなるだろうと想定していた。しかし、客や玉井さんは終始楽しげで、小学生のように途中まで一緒に帰っていった。心中寂しいことに変わりはないが、これが「呑んべ横丁」流の最後なのだと思う。

再開発の実現に25年を要した

下町の解体を惜しむ声が根強くある中、なぜ再開発が必要なのか。事業を率いる再開発組合理事長の徳田昌久（とくだまさひさ）さん（87歳）は災害リスクの低減が一番の理由だと話す。

「老朽化した木造の密集地である立石は、火がついたら一発で終わり。しかも、その木造密集地に面している道路は狭隘（きょうあい）道路。はっきり言って大きな車が入れない。消防車のような車が入るにも、いろいろルートを考えながらやって来ないといけない」

徳田さんは立石で生まれ育ち、父が所有していた「呑んべ横丁」の土地と建物を受け継いだ。街の盛衰を誰よりも間近で見てきた。

かつて立石は多くの工場が立ち並ぶ地域として知られた。大手玩具メーカーの生産拠点があり、パーツをつくる下請工場がしのぎを削った。その他にも、さまざまな種類の工場が存在し、徳田さんの父は、国鉄や官庁向けのゴム引きレインコートを生産していた。戦時中、防火帯を造成するために一部で建物疎開が行われ、徳田さんの土地も対象となった。

終戦に伴い、その役目を終えると住民らの生活を支えるために「立石デパート」を建設する。食料品店や生花店、手芸店など約40の個人店が軒（のき）を連ねる、今でいうショッピングセンターで、夕方になると買い物客でにぎわったという。１９５０年代に入るとスーパーの台頭などにより、徐々に店舗が撤退。労働者らが立ち寄る飲み屋に取って代わった。いつの頃からか「呑んべ横丁」と呼ばれるようになる。

建物は築70年近くになり、戦後間もなくにつくられたということもあって、通路は複雑に入り組んでいる。ほとんどが歩行者用の通路で車両は区画の奥まで入ることができない。徳田さんに町内を案内してもらったが、「呑んべ横丁」以外にも似たような通りが点在している。ひとたび火災が起きれば、連鎖的に延焼する可能性がある。地区の一部は、東京都が公表した「火災危険度」の中で最も高い「レベル5」に該当する。消防署から指導が入ることもあり、店主らと防災訓練を念入りに行ってきた。

しかし、それでは抜本的な対策にはならないと徳田さんは考えている。幾度も火災の危機に見舞われ、そのたびに空襲の風景と重なった。また、立石はゼロメートル地帯にあたり、浸水エリアに入っている。このままでは住民の生活が脅かされてしまうと、徳田さんは危機感を募らせる。

「震災に対してどれだけ今の街が防御できるのか。安全がいったん崩れた場合、貴重な生命、財産を失うことになるんです。しかも災害はいつあるかわからない。災害があってから開発するということではなく、事前に再開発をしたほうが当然、費用も安く済むわけじゃないですか」

災害対策の緊急性を認識しつつも、再開発の実現には25年の歳月を要した。京成押上線の四ツ木駅～青砥(あおと)駅を立体交差化する計画が持ち上がり、線路に接した土地が部分的に買収されることから、この機に乗じて再開発を推し進めようとしたのだ。1996年に徳田さんら6名の地権者が素案の作成を始めるが、住民からの猛烈な反対に遭う。

多くは「ここで生まれ育ち、ここで死ぬんだから、そっとしておいてもらいたい」という意見だった。賛成派の中でも意見が割れた。住民からは、景観を壊さないように建物は3階程度に抑え、道路を拡幅するという提案も出たが、徳田さんたちは現実味に欠けると判断した。低層ではわずかな保留床しか生み出せず、採算が取れないというのだ。「はっきり言ってペイできない。皆さんがお金を持ち出すなら別ですが」と徳田さんは語る。

事業費を捻出するために一定の保留床を確保できる高層ビルの建設が大方針として固まった。その後、ビルの棟数や用途を検討しながら現在の形に落ち着く。下町に住む人々にとって馴染みの薄い高層ビルの計画はさらなる波紋を呼ぶ。

「どういう形でもって、反対の人たちと接しながら理解を得ていくのか試行錯誤しました。ポスティングするために文章を書いたりもしましたが、これでは駄目ですね。やっぱりフェイス・トゥ・フェイスで話をする。これが一番理解を得る方法でした。大変ですよ、そういう意味では」と当時を振り返る。

徳田さんは一軒一軒、説得に回り、時には反対派の集会にも出席し、矢面(やおもて)に立った。

徐々に賛同を集め、２０１７年に都市計画決定、１０８いる地権者の同意率も満たし、２０２１年にようやく再開発組合が設立された。

徳田さんは交渉に関わる分厚いファイルを見せてくれた。住民から聞き取りした内容をまとめたものだ。計画の賛否や説得の感触などがＡ４用紙にびっしりと書き込まれている。時期を遡(さかのぼ)るごとに紙は茶けていき、時の経過を感じさせる。発起人の多くはこの世を去り、組合の一員として解体を見届けることができたのは徳田さん、ただ一人だった。

区の総合庁舎も再開発ビルに入る

徳田さんらの地道な努力もありながら、同意を取り付けることができたのは別の要因もある。立石の人口は、近年減少傾向にあり、高齢化も進んでいる。街には空き家が目立つようになったほか、住み続けている人にとっても自宅や商店の老朽化は長年の課題となっていた。組合の関係者は「高齢化した地権者の中には自分たちで建て替えできない人もいる。同意数を確保できた理由の一つ」と語る。

また、「呑んべ横丁」の解体を疑問視する声が計画の再考に結びつきにくかった側面もある。

現行の制度では地権者以外の人々は組合設立に関与できない。「しらかわ」のママ、玉井さんも借家人のため、同意数のカウントには入らない。今回の再開発は「呑んべ横丁」をめぐり注目を集めたが、事業の主眼は専ら住環境の改善や交通の利便性向上などにあり、横丁存続の是非は周縁的な事柄に留まった。あくまで区民や地権者のための計画というわけである。駅周辺を取材する中で「昔は通ったこともあったが、今では区外の人が大半。近隣住民のための場所ではない」という声も聞いた。

では、具体的にどのような街を目指すのか。

徳田さんはやや間を空け、「これから建物が建ってくるわけですから、その辺のソフトの面の勉強会を開いたりですね、皆さんにご理解をいただく、その努力がこれからあるわけ」と言うにとどまった。

すでに解体工事は進んでいるが、京成立石駅北口再開発も全国的な資材費、人件費高騰のあおりを受けている。工事費は2022年時点で696億5000万円としていたが、2024年5月に行った組合への取材では「費用は上がる見込み。着工に向けて関係者と協議を進めている」としている。

地権者の発意だが、区の動向を前提とした事業

地元、葛飾区は都市計画決定や京成立石駅周辺の各プロジェクトの総合調整を担ってき

有名な「呑んべ横丁」の看板は取り外され、現在、区が保管している

た。加えて、今回の再開発では、新しく建設される高層ビル内に総合庁舎を移転することになっており、組合とは資産を売買する関係にある。

現総合庁舎は1962年竣工の本館・議会棟と、1978年竣工の新館で構成されている。耐震性能の目標を満たしていないほか、来庁者が利用しにくい動線となっていることなどが施設更新の理由だとしている。

1991年から建て替えの検討が始まり、移転先として京成立石駅北口以外に二つの案が上がっていた。一つは現庁舎敷地での建て替え。新たな用地取得が不要である一方、仮庁舎の建設が必要となる。もう一つは青戸平和公園に建設する案。こちら

「呑んべ横丁」にあった店で移転し営業するのは数店にとどまる見通し

は住民合意に課題があるとされた。結果的にアクセスが良く、再開発によって人口の流入を見込める京成立石駅北口に移転することが決定した。

2009年以来、4期連続で区長を務める青木克德さんは一貫して再開発に賛成の立場を示してきた。高齢化や少子化対策の観点からも意義があると語る。

「新しく来た人も住みやすい、住んでみたいと思ってもらわないと、街は活性化しないですよね。人口が減ってしまうのはまずいわけですから。今いる人たちも幸せ、そして新しく来る人も住みやすい。そういうふうに思ってもらえる街にしていきたい」

葛飾区は、再開発地区内に立石地区センターと駐輪場管理事務所を所有している。

庁舎にも充てられる権利床は2330平方メートルほど。新庁舎の大部分は保留床の取得によって賄われる。庁舎と公共駐輪場のための保留床購入金額は約267億円。備品購入費などと合わせ、移転に掛かる総額は約282億円にのぼる。区は2014年に3候補地の整備コストを概算している。『新総合庁舎整備の総合説明書』によると、現敷地案が約240億円、青戸平和公園案が約275億円、立石駅北口案が約264億円としている。同資料では「整備コストは変動するが、3候補地で著しい経費の差はない」としている。

2014年の試算と現状の計画で約18億円の開きがあることについて、青木区長は「(原因は) 建築費が上がったことがあると思います。これがやはり大きな要素ですし、土地の値段も上がっていますので、最終的には権利変換計画をつくる時の価格確定があったわけですけれど、その結果がこの金額になったということだと思います」と答えている。区は2007年度から庁舎移転の基金を積み立てているが、当初、約200億円としていた目標額を260億円に修正している。

再開発の総事業費は2022年末時点で、約932億7000万円を見込んでいる。そのうち約4割を国や区の補助金などで、残りを保留床処分金で賄う計画だ。再開発組合とともに事業を推し進める三つのデベロッパーはマンションなどが入る西棟の床を主に購入し、東棟の大部分を区が取得する。

区が支出する保留床処分金は総事業費の約3割を占める。補助金と合わせれば、公金の割合は68%になる。総合庁舎の移転は条例で定められており、白紙になる可能性は低い。組合にとっては、一定の処分金を担保されたことになる。地権者の発意で計画が始まったことは間違いないが、結果的に区の動向を前提とした事業になっている。

9月に首都圏情報ネタドリ!で「急増!〝駅前・高層〟再開発」を放送した後、再び立石を訪れた。すでに店舗や住宅からの退去は完了し、フェンスの設置が着々と進んでいた。「呑んべ横丁」も遠目でしか見ることができない。この場所に区の庁舎がそびえたつことになる。

様変わりした風景を目の当たりにし、「しらかわ」最後の夜に交わされた客同士のやり取りを思い出した。

「もう新しい建物が建っちゃうと前の建物を思い出せないんですよね。だから、それで生きていけるんだと思っている」

酔った女性は、切り捨てるというよりも自分を納得させているように見受けられた。聞いていた男性は「それはつらいっす」とうつむき、つぶやいていた。

再開発によって連綿と築かれてきた人々の営みは一度リセットされることになる。女性客が言うように、思い出は徐々に薄れていき、新たな高層ビルに慣れる日が来るかもしれない。横丁に通いつめてみて、防災の必要性も身に染みてわかった。それでも街の個性、その豊かさと共存する道はなかったのか考えざるを得ない。

第2章 全国各地で顕在化する〝課題〟

1　福井市――建設費高騰、計画の大幅見直し

100年に一度のチャンスに沸き立つ

２０２４年３月16日、北陸新幹線の金沢・敦賀間が開業した。整備計画から、実に半世紀あまり。追加の工事や作業員の不足で、予定から１年遅れたものの、ＪＲ福井駅をはじめ、敦賀、越前たけふ、芦原温泉の４駅とその周辺には、石川・富山の開業から９年も遅れた時間を取り戻そうと、多くの人でごった返した。県民の中には「渋谷のスクランブル交差点と見間違えたかと思った」と興奮気味に振り返る人もいれば、孫のために１番列車の切符を工面し、開業に涙するお年寄りの姿も見られた。

特に県都の玄関口となるＪＲ福井駅とその周辺では、開業に合わせて商業施設がオープンしたことも手伝って、多くの人が殺到した。この数年、いや、十数年は見られなかったであろう駅前のにぎわい。ただ、このにぎわいを見下ろす巨大なビルを含めた再開発エリアで、この数年、一体何が起きていたのか。多くの県民は、それほど知らないだろう。

県民からすると、明治以降の鉄道網の整備によって、東京・名古屋・大阪といった太平洋側は、常に先行して発展し続けてきたように見えた。その一方、日本海側の福井は、ある意味、時代に取り残されてきたと感じる県民も少なくない。新幹線の整備が進まない中、「それならば」と空路に活路を見いだそうとした時期もあったが、現在県内の空港は、民間の航空機の就航すらない。福井にとって、首都圏と1本のレールでつながることは、半世紀以上の悲願だったのだ。

「100年に一度のチャンス」。この数年、新幹線を待ちわびる福井の政財界からは、さかんにこの掛け声が発せられた。太平洋側に追いつけ、追い越せと言わんばかりに、観光やビジネスなどの分野で、官民を挙げた整備が進められてきた。

その中心が、JR福井駅前の再開発だ。1970年代の高度経済成長期にかけて商業ビルが林立。当時の最新鋭のファッションを集めたブティックや飲食店などが軒を連ね、老若男女が集まる福井の中心地として活況に沸いた。しかし、90年代頃から、幹線道路沿いに相次いで大型ショッピングセンターが建設されると、ライフスタイルは郊外型に移行。それまでにぎわいの中心だった駅前は空洞化が進み、時代に取り残されたかのように建物と併せて衰退の一途をたどっていった。

待ちに待った新幹線の開業。福井の歴史の一ページに刻まれるこの節目を、このまま迎えてもいいのか？　福井県内の着工が決まった１９９９年以降、再開発の絵は加速度的に描かれることになった。

新幹線開業にあわせて再開発へ

「新しく生まれ変わった福井駅前で新幹線開業を迎える」。再開発計画が持ち上がると、福井市民のみならず、県民も熱い視線を注いだ。２００７年、駅東口の一角に、飲食店や市立図書館などが入る地上10階建ての再開発ビル「ＡＯＳＳＡ（アオッサ）」が竣工。その9年後には、駅の西口で地元の大手繊維メーカーなどが出資、集合住宅を含めた商業ビル「ハピリン」も完成し、福井駅を挟む形で東西に高層ビルが並び建った。

新幹線仕様の駅舎の建設と歩みを合わせるように整備が進んだ二つのビルとは対照的に、一向に再開発の進まない三角形の広大なエリアが、駅のすぐ眼前に広がっていた。

新幹線の開業当日に、にぎわいを見下ろすかのようにそびえ立っていた巨大なビルを含む「三角地帯」と呼ばれるエリアである。その総面積は、８３００平方メートルにわたる。間近に新しいビルが建つ中で、地元資本の老舗ホテルや小規模な商店などが営業を続けていたが、２０１２年に北陸新幹線の金沢・敦賀間が着工すると、俄然、「三角地帯」でも再開発話が熱を帯び始め、２０１７年には再開発に向けた準備組合が設立された。しかし途中で計画をめぐって地権者の間で対立が生じた結果、最終的に「A」と「B」、二つのエリアに分かれて、2023年までに再開発を行うことになった。

「A街区」ではホテルやオフィス、商業施設が入居する「ホテル棟」と、北陸最大級の地上100メートルを超える「マンション棟」からなる二つが柱だ。マイカー社会が今なお根強い福井特有の事情も踏まえ、中心部に再び人を呼び込むため、300台が収容可能な立体駐車場を整備する計画も示された。総事業費は377億円を見込んだ。

一方の「B街区」は、2018年に準備組合を設立。高齢化が進む中、シニア層の生活拠点にしてもらおうと、介護などのサービスが受けられる「サービス付き高齢者住宅」を軸に、総事業費約47億円の整備計画がまとめられた。

しかし、「100年に一度のチャンス」を合言葉に、福井駅前で立ち上がった再開発は、このあと、想定外の二つの困難に直面することになる。

動き出した「三角地帯の再開発」

北陸新幹線の金沢・敦賀間の開業まで4か月あまりに迫った2023年11月、B街区の再開発予定地は、大型重機1台すら見えない、手つかずのさら地が広がったままの状態だった。

「あれがA街区のマンション棟です。こちらに我々、B街区の建物が建つ」

さら地でそう語ったのは、B街区で、再開発組合の理事長を務める藤井裕(ふじいゆたか)さんだ。世界的なパンデミックとなった新型コロナウイルスと、世界的な資材価格の高騰。この二つが大きく影響し、当初、思い描いていた再開発の夢は、二度にわたって大きな計画変更を余儀なくされた。

「もう一度、中心部ににぎわいを取り戻そうという狙いで再開発の事業を進めてきたわけです」

B街区の一角で代々続いた時計店の主の藤井さんは、半世紀にわたって「三角地帯」を含む、中心部の栄枯盛衰を目の当たりにしてきた。それだけに、北陸新幹線の開業とセットで進められる再開発は、まさに乾坤一擲(けんこんいってき)のチャンスに映っていた。

しかし、計画途中の2020年につまずきが生じた。全世界で新型コロナウイルスがまん延。高齢者向けのマンションには、食堂や共有スペースを備えていたが、感染の収束が見通せない中、運営コストの増加が見込まれたため、再考を迫られたのである。翌年にはいったん地上8階、地下1階建ての事業計画を公表。そのデザインは、全面ガラス張りの瀟洒な外観が特徴で、誰が見ても、駅前で進む再開発にふさわしいと言えるものだったが、先行きの不透明感は否めなかった。

計画の公表後、藤井さんは、突如、再開発を担うデベロッパーから、予想していなかった事実を告げられた。これまでさほど気にかけていなかった資材価格の高騰などから、再開発の総事業費が1割以上増えるという見通しである。

「このまま（計画を）やっていたら、建設工事費が4億、5億は高くなって、再開発計画がストップするくらいのことになっていた。本当に予想外です。例えば、1％や2％くらい変動するのはあり得ると思っていたけれど、一気に10％も15％も上がるとなると、それはもう想定できないというか、予定外です」

資材価格は、2020年ころから新型コロナウイルスによる経済活動の制限などを背景に、原油高やウッドショックなどが連鎖的に発生し、右肩上がりの状態が続いていた。2022年2月にはロシアによるウクライナ侵攻が勃発。藤井さんたちは、より大きな想定外の事態に直面したのである。国際情勢は一気に不透明感を増し、原油価格もさらに上昇。今も世界のありとあらゆるモノの価格が高騰している。

現実を突きつけられた藤井さんは、困惑した。なぜなら、計画からあふれ出た事業費の高騰分を自分たちで持ち出さなければならない可能性が生じたからである。

〝持ち出しなし〟で練られた計画

一般的に再開発で発生した赤字は、発注した再開発組合が補塡しなければならない。補塡する選択肢は二つあった。完成後、テナントなどの入居者から徴収する使用料を増額したり、所有していた土地に応じて、地権者に割り当てられる「保留床処分金」などを調整したりして、まかなうというのが一つ。だが、コロナ禍で、B街区が柱として掲げたサービス付き高齢者住宅の需要そのものがおぼつかない中、使用料の増額という選択肢は、容易に選べなかった。

もう一つの選択肢は、地権者らが自腹で負担する、というもの。しかし、B街区の地権者は、藤井さんを含めて、16人とわずかだ。5億円を持ち出すとなると、単純計算でも1人あたり、3000万円を超える負担が生じる。高齢者が中心の地権者で、この金額を捻出できる体力のある者は、皆無と言ってよかった。

なぜ、大きな資金力のないと言っていい藤井さんたちが再開発計画に踏み出すことができたのか。そこには、全国各地で再開発が進められるカラクリがあった。B街区の総事業費は約47億円。保有する土地が高層化されることで新たに生じる売却益と、国や自治体からの補助金をあてられる。いわば、自分たちの〝持ち出し〟が必要になるというリスクに直面しなし〟で進める目論見だったのである。しかし、3000万円を超える〝持ち出し〟が必要になるというリスクに直面してしまった、というわけだ。

計画断念、大幅な見直しへ

予想もしていなかった追加の負担。地権者たちは揉めに揉めた。考え得る二つの方法を選ぶことが極めて難しい中、残された手立ては、計画を全面的に見直すという苦渋の決断しかなかった。

ただ、計画の見直しは、決してたやすいことではなかった。東京のような大都市の再開発と大きく異なり、地方都市では、すべてを民間主導で行うことはなかなか難しい。総事業費の半分程度を、自治体の補助金に頼らざるを得ない現状では、容易に後戻りすることは許されないからだ。

また、再開発の計画は、地権者がもともと所有していた土地の面積などに応じて、新しく建設されるビルで権利を持つ床の範囲を細かく決める必要があり、見直しと一口に言っても、ただ単純に設計をもう一度行うだけでいいというものではない。このために費やされた時間は1年あまり。労力も少ないものではなかった。

資材価格の高騰を受けて国が新たに創設した「防災・省エネまちづくり緊急促進事業補助金」という財政的な支援もあって、藤井さんたちB街区の総事業費は約49億円と、当初

B街区当初案　　画像：B街区再開発組合

の計画から2億円程度の上昇に抑えることができた。

しかし、見直しの過程で藤井さんたちは、大きな代償を払った。計画のコンセプトに直結する大きな決断も迫られた。膨張した事業費を抑えるため、これまでコロナ禍でも堅持していた「サービス付き高齢者住宅」は運営コストの増加が見込まれ断念。より収益性が高い、分譲マンションの建設に大きく舵を切ったのである。

見直しは、それだけにとどまらなかった。建設コストを抑えるべく、延べ床面積を5％程度縮小、それどころか、売りとしていた全面ガラス張りの建物のデザインはありふれたデザインに一変していた。

２０２３年12月27日。さら地だったB街区で、再開発工事を前に起工式が行われた。度重なる

B街区変更案　　画像：B街区再開発組合

困難に直面したこともあり、地権者のほか、県や福井市などから、80人以上の関係者が集まって、工事の無事と再開発事業の成功を願った。

北陸特有の鉛色の空が広がる中、工事の安全を願う神職の「計画の変更など、いと難しきことごと乗り越え」という祝詞(のりと)の声が響いたが、再開発事業の責任者の藤井さんの表情は、どこか晴れやかに見えた。

「想定外の事態が重なり、この日を迎えるまでに当初思い描いていたよりも長い時間がかかってしまった。ただ、建設開始はゴールではなく、あくまで通過点だと思っている。建設が始まるとはいえ、資材費は建設途中で上がる可能性はまだ残っている。建物が完成するまで気が抜けないが、観光客や県民で施設がにぎわう駅前をつくるため、最後までやり遂げたい」

藤井さんから発せられた言葉は、中心市街地の栄枯盛衰を半世紀にわたって見続けてきた人にしか語れない、偽らざる気持ちでありながら、そこに計画通り進まなかったという、悔しさもにじんでいた。

B街区の再開発ビルの完成は、予定どおりに進めば、2025年11月になる。

A街区の再開発　三度の計画変更を経て完成へ

B街区より先行する形で、動き出したのがA街区の再開発だ。12月に事業計画が認可された。北陸で初進出となる外資系ホテル棟の低層階には観光客向けのフードホールやフィットネスジムなどが入り、関係者のみならず、県民の期待はいよいよ高まっていた。

当初の総事業費は、約377億円。このうちの約6割を「保留床処分金」、残りの約4割にあたる約150億円を、国、福井県、福井市の補助金でまかなう計画だった。

しかし、2020年、新型コロナウイルスの感染が世界中で拡大。全国各地の建設現場で、感染症対策が求められ、A街区も、その例外ではなかった。9月から始まった旧ビルの解体工事に加え、その後の建設工事でも「3密」を避けるため、追加の支出は不可避となった。さらに、古いビルの杭の除去費用なども上乗せされ、当初、見積もられた総事業費、約377億円の資金計画は早い段階から見直しを余儀なくされた。

その結果、この時点で総事業費は約407億円と30億円あまり増加していた。

さらに、この影響で完成そのものの見通しが1年程度ずれ込むことが明らかになった。ほぼ同時期に北陸新幹線そのものの延伸も、工事の遅れから予定より1年遅れることになったが、予定どおり開業していれば、県都・福井の駅前が化粧中の状態で迎えたことになっていたかもしれない。

総事業費の膨張は、これにとどまらなかった。コロナ禍の2021年10月に、本体の建設工事が始まる中、翌年2月のロシアによるウクライナ侵攻が勃発。先行きの見えない国際情勢に原油価格が上昇、人件費や資材価格もさらに高騰し、工事費を抑えるための努力を講じたところで、焼け石に水だった。こうした中、再開発組合から2023年3月に示された三度目の設計変更の総事業費は、407億円からさらに42億円も上積みされ、約449億円にまで膨れ上がっていた。当初の計画より増えること、実に72億円あまりである。

しかし、物価高騰以前から工事が本格化しており、引き返すことはできない上、目前に迫る新幹線の開業までにホテル棟など一部の施設の完成はもはや至上命題とも言えた。資材価格高騰に伴う増額分の大半を、国の補助金などで工面し、補助金の総額は、当初の約1・3倍の200億円あまりに上った。税金であることは言うまでもない。

急ピッチで工事が進められた結果、A街区のホテル棟は、新幹線の開業直前に何とか

ホテル棟が完成したA街区（2024年5月上旬）

オープンにこぎ着けたが、セットとなっているマンション棟を含む再開発エリア全体の完成は、ホテル棟より半年遅れの２０２４年夏完成を見込んでいるという。

Ａ街区の再開発事業の責任者、市橋（いちはし）信孝（のぶたか）理事長は、ホテル棟のオープンにあわせた記者会見で、北陸新幹線の開業までに、すべての施設がオープンできなかった悔しさをにじませた。

「再開発組合としては、ホテルもマンションも一斉にオープンすることを望んでいたが、コロナ禍や資材の高騰で、予定通りにできることとできないことがあった。特に資材費の高騰という点では決められた事業費の中で建設を進めなければならず、コストカットなどを行い、新幹線の開業日に向けてできることを優先した」

にぎわい続けるための再開発とは

北陸新幹線の金沢・敦賀間の開業から1か月あまりが経過する中、A街区でオープンしたフードホールは、連日多くの人でにぎわいを見せている。また、4月に発表された福井県の地価は32年ぶりに上昇。再開発が行われたエリアに近い福井市大手2丁目では、前年より8・3％も上昇した。A街区に2024年の夏、完成予定のマンション棟は最大224世帯が入居する予定だが、新幹線開業前の1月下旬の時点で一般向けはおよそ8割、高齢者向けは4割が契約済みとなっている。特に一般向けの部屋は不動産会社の想定を上回る売れ行きで、駅前の居住人口を取り戻し、定着を図ることができるのか、今後の推移を見守りたい。

番組の放送から3か月。B街区の工事がゆっくりと進む中、再開発組合の藤井理事長に、今後の福井駅前について尋ねると、新幹線が開業した後の駅前の変化に大きな期待を寄せていた。

「かつてにぎわっていた駅前が再び戻ってきたように思う。都会のスタイルに倣(なら)った『三角地帯』の再開発は、福井に根付くのか正直、不安な部分もあったが、新幹線開業からの1か月間だけでも、県民が駅前で楽しんでいる姿を見ると、福井も新しい時代に突入していくのだと感じている。ただ、見た目が変わっただけでは十分でなく、中身まで変わらなければ、再開発の意味はない。『街のありようの変化』やにぎわいが続いてこそ、初めて真に再開発した意味が達成されるのではないか。駅前から、福井県全体に新しい生活スタイルが波及するよう、B街区の完成まで頑張りたい」

「100年に一度のチャンス」というタイミングを迎えた福井。世界規模で拡大した感染症や緊迫した国際情勢の中で、日本の地方都市の再開発事業は翻弄され続けた。ただ、今回のケースは決して福井に限ったことではない。幾度もつまずき、国や自治体の補助金に依存せざるを得ない現状は、地方のありのままの姿だったのではないか。

藤井さんの言うように、再開発はただ行えばいいというものではない。街のにぎわいにつながらなければ、その意味はなさない。

福井駅前でいち早く官民一体となって再開発が行われた「AOSSA」は、福井駅から徒歩1分という絶好の立地条件であるにもかかわらず、コロナ禍以降、客が激減。新幹線の開業後もテナントは埋まらず、空洞化が進んでいる。人口減少が急速に進む地方で「新しい床」を生み出したところで、多くの人を惹きつける魅力がなければ、たちまち「無駄な床」となり得るのである。

福井駅周辺では、A街区とB街区のほかにも再開発事業の計画が進んでいるが、建設資材価格の高騰などを受け、基本計画の見直し作業が続けられている。福井駅前の再開発すべてがいつ完了するのかは全く見通せない。

今後、人口減少が進む中で、地方における再開発は一層厳しさを増すことが想定される。そうした中で、国や県などの補助金に大きく依存し続ける再開発は、はたして誰のために行われ、それは持続可能なものなのだろうか。5年後、10年後も、「三角地帯」がにぎわい続けていることを期待しつつも、将来の「負の遺産」とならない再開発のあり方が求められている。

2 NHKアンケートから——補助金依存強める実態

資材高騰の影響、その実態は？

世界的な資材価格の高騰は、各地の再開発事業にどのような影響を及ぼしているのか。福井駅前で起きていた現実を目の当たりにし、その全体像を把握したいと思うようになった。しかし、国や自治体に尋ねても、該当するデータは見当たらない。そこで、全国の再開発事業を対象にアンケート調査を実施することにした。

まず、再開発事業が行われている場所を調べてみると、その数は全国129地区に上っていた（2024年1月時点）。中心市街地の活性化や防災対策などを目的に、北は北海道から、南は大分県まで広がっていたが、やはり集中しているのは首都圏だった。東京・神奈川・埼玉・千葉の1都3県で、半数を超える71地区を占めていた。中でも東京都内が61地区あり、突出して開発が集中していることがわかる。

アンケートは、この全国129地区の自治体や事業主体の再開発組合を対象に送付することに決め、取材班の記者とディレクター5人がかりで協力依頼の電話をかけ続けた。その結果、全体の94・5％に当たる122地区から回答を得ることができた。

アンケートで尋ねたのは、資材価格の高騰による工事費上昇の有無や金額、そして再開発事業にどのような影響が出ているかだ。次からはその結果の詳細を見ていく。

まず、尋ねたのは工事費上昇の有無。「工事費が上昇したり、上昇が見込まれたりしているか」と聞いたところ、全体の7割を超える91地区が「該当する」と答えた。すでに工事の完了が近く影響がないところなどを除き、多くの事業で工事費に影響が出ていた。

次ページがその一覧になる（図　工事費の上昇に直面した91地区）。

それでは、どの程度工事費が上昇しているのか。いくつか具体的な事例を見てみる。

東京都江戸川区のJR小岩駅北口で進む再開発事業では、駅前の交通広場の整備や歩道の拡幅とあわせて、低層に商業施設を備えた地上30階建てのタワーマンションを建てる計画だ。2031年の事業完了を目指し、422億円の工事費を見込んでいたが、40億円あまり上昇する見通しとなった。

また、さいたま市の浦和駅西口で進む再開発事業では、地上27階建てのタワーマンションや市民会館、商業施設などを整備する計画で、2026年の竣工を目指していたが、479億円の工事費が33億円あまり上振れする見込みだ。

東京	文京区	春日・後楽園駅前地区
東京	品川区	大崎駅西口F南地区
東京	品川区	東五反田二丁目第3地区
東京	品川区	戸越五丁目19番地区
東京	目黒区	自由が丘一丁目29番地区
東京	豊島区	南池袋二丁目C地区
東京	豊島区	東池袋一丁目地区
東京	中野区	中野二丁目地区
東京	中野区	囲町東地区
東京	荒川区	三河島駅前北地区
東京	板橋区	板橋駅西口地区
東京	板橋区	上板橋駅南口駅前東地区
東京	板橋区	大山町クロスポイント周辺地区
東京	板橋区	大山町ピッコロ・スクエア周辺地区
東京	葛飾区	東金町一丁目西地区
東京	葛飾区	立石駅北口地区
東京	葛飾区	新小岩駅南口地区
東京	江戸川区	平井五丁目駅前地区
東京	江戸川区	南小岩六丁目地区
東京	江戸川区	JR小岩駅北口地区
東京	北区	十条駅西口地区
東京	練馬区	石神井公園駅南口西地区
東京	小平市	小川駅西口地区
東京	青梅市	青梅駅前地区
神奈川	横浜市	横浜駅きた西口鶴屋地区
神奈川	横浜市	新綱島駅前地区
新潟	長岡市	大手通坂之上町地区
富山	富山市	富山市中央通りD北地区
福井	福井市	福井駅前電車通り北地区A街区
福井	福井市	福井駅前電車通り北地区B街区
福井	福井市	福井駅前南通り地区
静岡	静岡市	御幸町9番・伝馬町4番地区

図　工事費の上昇に直面した91地区

北海道	北見市	中央大通沿道地区
北海道	札幌市	北8西1地区
青森	青森市	中新町山手地区
岩手	盛岡市	中ノ橋通一丁目地区
秋田	横手市	横手駅東口第二地区
福島	福島市	福島駅東口地区
福島	郡山市	郡山駅前一丁目第二地区
福島	郡山市	大町二丁目地区
福島	いわき市	いわき駅並木通り地区
茨城	水戸市	水戸駅前三の丸地区
栃木	宇都宮市	宇都宮駅西口南地区
埼玉	さいたま市	浦和駅西口南高砂地区
埼玉	さいたま市	大宮駅西口第3-B地区
埼玉	さいたま市	大宮駅西口第3-A・D地区
埼玉	川口市	川口本町4丁目9番地区
埼玉	蕨市	蕨駅西口地区
東京	千代田区	飯田橋駅東地区
東京	千代田区	神田小川町三丁目西部南地区
東京	中央区	勝どき東地区
東京	中央区	八重洲二丁目中地区
東京	中央区	八重洲一丁目北地区
東京	中央区	日本橋室町一丁目地区
東京	中央区	東京駅前八重洲一丁目東A地区
東京	中央区	東京駅前八重洲一丁目東B地区
東京	中央区	月島三丁目南地区
東京	中央区	豊海地区
東京	中央区	月島三丁目北地区
東京	中央区	日本橋一丁目中地区
東京	港区	浜松町二丁目地区
東京	港区	虎ノ門一・二丁目地区
東京	新宿区	西新宿五丁目中央南地区

静岡	三島市	三島駅南口東街区A地区
静岡	沼津市	町方町・通横町第一地区
静岡	富士市	富士駅北口第一地区
静岡	藤枝市	藤枝駅前一丁目9街区
愛知	尾張旭市	三郷駅前地区
三重	伊勢市	伊勢市駅前C地区
大阪	大阪市	淀屋橋駅西地区
大阪	豊中市	新千里東町近隣センター地区
大阪	枚方市	光善寺駅西地区
大阪	枚方市	枚方市駅周辺地区
大阪	摂津市	千里丘駅西地区
京都	向日市	JR向日町駅周辺
兵庫	神戸市	垂水中央東地区
兵庫	神戸市	新長田駅南地区
兵庫	神戸市	神戸三宮雲井通5丁目地区
兵庫	西宮市	JR西宮駅南西地区
兵庫	芦屋市	JR芦屋駅南地区
兵庫	三田市	三田駅前Cブロック地区
岡山	岡山市	岡山市野田屋町一丁目2番3番地区
岡山	岡山市	岡山市駅前町一丁目2番3番4番地区
岡山	岡山市	岡山市蕃山町1番地区
広島	広島市	基町相生通地区
山口	山口市	新山口駅北地区
山口	周南市	徳山駅前地区
徳島	徳島市	新町西地区
香川	高松市	高松市大工町・鷹屋町地区
福岡	久留米市	JR久留米駅前第二街区
大分	大分市	末広町一丁目地区

事業の規模によって金額は大きく異なるが、アンケートの回答から全国的に概ね工事費全体の1割から2割程度も上振れしていることがわかった。

国も追加支援　補助金依存高める側面も

では、各地の再開発事業は、資材価格の高騰をどうやって乗り切ろうとしているのか。まず思い付くのは、高級な資材を安価なものに変更するなどして工事費を圧縮すること。すでに各地区では、こうした対応がとられていた。しかし、1割から2割程度も工事費が上がってしまっては、それだけで乗り切るのは簡単ではない。

そこで各地区が頼っていたのが、国の補助金だった。

実は、国は資材価格が高騰する中で苦難に直面する再開発事業を支援する仕組みを2022年に新たに設けていた。

それが前節でもふれた「防災・省エネまちづくり緊急促進事業　地域活性化タイプ」と呼ばれる支援制度だ。この支援制度の目的について、国土交通省のホームページには「工事費の高騰に伴う事業の停滞によって生活再建等に支障を及ぼすおそれのある市街地再開発事業等に対して支援することで、事業の円滑な推進を図る」と記されている。

つまり、ただでさえ数年単位の時間を要する工事が、資材価格の高騰で一時中断するなどして長引いてしまうと、地権者が賃貸などの仮住まいに住む時間も長くなる。これだと、いつまで経っても元の場所に戻って生活ができなくなってしまうので、なるべく影響が出ないように補助金を出して工事費の一部を支援するというものだ。

アンケートでは、この支援制度の活用の有無についても尋ねた。その結果、支援制度を「活用している」もしくは「活用を見込んでいる」としたのは、全体の半数以上に上った。実際に各自治体の担当者からは「追加の支援がなければ事業は成立していなかった」といった声が聞かれることも多く、新たな支援制度が工事費の上昇に直面した再開発事業を下支えしていた。

ただし、これは再開発事業の補助金への依存度を高めることを意味している。ほとんどの再開発事業には、もともと公共性が高い事業であることから、国や都道府県、自治体から多額の補助金が投入されている。その割合は事業によって異なるが、概ね総事業費の3割程度、多いところでは半分近くが税金で賄われている。

さらに地域によっては、自治体が再開発で新たに誕生する床の買い手になることで、事業を支えているケースも少なくない。

特に人口が減り続ける地方においては、新たな床の買い手が十分に見込めないため、再開発で誕生する床を、役場や支所、市民ホールなどとして自治体が税金で購入し、事業を支える買い手となることもある。

本来民間主体であるはずの再開発事業は、すでに公共性の名の下で多額の税金で支えられているにもかかわらず、工事費上昇という理由で、さらに追加の税金を投入しているのが実情だ。

資材高騰で工事の遅れや施設変更も

先ほど国の支援制度について触れたが、予算の制約もある中で工事費の上昇分すべてを国が補填してくれるわけではない。そのため、追加の補助金でも賄えない場合は、計画そのものを見直して工事費を圧縮する必要も出てくる。実は今こうした事態は、福井駅前だけでなく、全国各地で相次いでいた。

アンケートで、工事費の上昇が再開発計画にどのような影響を及ぼしているか複数回答形式で尋ねたところ、「工事の遅れや停止」が18地区、「施設の形態変更」が12地区、そして、地権者が得るはずだった床の面積を変更する「権利床の見直し」が7地区あった。

各地区の回答を具体的に見てみる。

例えば、「工事の遅れや停止」とした福島市は「工事費縮減に向けた再調整等に時間を要している。施設のオープンが1年ずれ込む見込み」と回答。

このほか「想定した工事費では落札されず、施工者が決まらなかったため、竣工予定時期に遅延が生じた」（新潟県長岡市）、「施設建築物工事の入札を行ったが、予定価格以下の入札がない等により、工事請負契約の締結に不測の日数を要した」（山口市）のように、これから工事を始めるタイミングで、資材が高騰してゼネコン側との工事契約が締結できず、着工までに時間がかかったというところもあった。

また、「施設の形態変更」が必要になったという秋田県横手市の「横手駅東口第二地区」では、工事費を圧縮するため、計画していた分譲マンションを14階建てから10階建てに変更。神戸市の「垂水中央東地区」では、分譲マンションの低層に位置する商業施設の階数を減らす対応を余儀なくされたという。福井駅前と同様に、資材価格の高騰によって当初思い描いたような再開発事業の達成が困難になっている状況が浮き彫りになった。

さらに、私たちが事態の深刻さを感じたのが、「権利床の見直し」を選んだ地区が七つもあったことだ。

本来再開発は、権利変換という手続きに基づいて、もともとの土地の所有者や土地を借りている借地権者の権利を、新しく建てられた建物の床に置き換える。平たく言えば、地権者は持っていた土地面積と同程度の価値の床面積を新たにもらう手続きをとるのだ。

当然、地権者は、その後の生活のことも考えたうえで再開発によってどの程度の床がも

図　「工事の遅れや停止」…18地区

北海道	北見市	中央大通沿道地区
福島	福島市	福島駅東口地区
福島	郡山市	郡山駅前一丁目第二地区
福島	いわき市	いわき駅並木通り地区
埼玉	さいたま市	大宮駅西口第3-A・D地区
埼玉	蕨市	蕨駅西口地区
東京	板橋区	板橋駅西口地区
新潟	長岡市	大手通坂之上町地区
富山	富山市	富山市中央通りD北地区
福井	福井市	福井駅前電車通り北地区A街区
福井	福井市	福井駅前電車通り北地区B街区
大阪	枚方市	枚方市駅周辺地区
京都	向日市	JR向日町駅周辺地区
兵庫	芦屋市	JR芦屋駅南地区
岡山	岡山市	岡山市野田屋町一丁目2番3番地区
岡山	岡山市	岡山市蕃山町1番地区
山口	山口市	新山口駅北地区
大分	大分市	末広町一丁目地区

図　「施設の形態変更」…12地区

岩手	盛岡市	中ノ橋通一丁目地区
秋田	横手市	横手駅東口第二地区
福島	郡山市	郡山駅前一丁目第二地区
東京	荒川区	三河島駅前北地区
東京	小平市	小川駅西口地区
富山	富山市	富山市中央通りD北地区
福井	福井市	福井駅前電車通り北地区B街区
大阪	枚方市	光善寺駅西地区
京都	向日市	JR向日町駅周辺地区
兵庫	神戸市	垂水中央東地区
岡山	岡山市	岡山市野田屋町一丁目2番3番地区
大分	大分市	末広町一丁目地区

図　「権利床の見直し」…7地区

東京	板橋区	板橋駅西口地区
東京	小平市	小川駅西口地区
富山	富山市	富山市中央通りD北地区
福井	福井市	福井駅前電車通り北地区B街区
京都	向日市	JR向日町駅周辺地区
岡山	岡山市	岡山市野田屋町一丁目2番3番地区
大分	大分市	末広町一丁目地区

らえるのかを踏まえて、再開発に同意するかしないかを決める。つまり「権利床の見直し」とは、再開発への同意の前提となっていた、地権者がもらえるはずの床面積が変わってくることを意味する。

多少の変更であれば、地権者も「仕方ない」と納得してくれるかもしれない。しかし、取材の中では「家族4人で住める部屋をもらうはずだったのに、ワンルームマンションほどの大きさの部屋を提示された」という話も聞いた。これだと地権者から「聞いていた話と違う」という声が上がるのは避けられない。

ある再開発組合の事務局長は「収支がかなり厳しい状況で工事を止められるなら止めたいが、この先も工事費が上がる要素しかなく、それもできない。権利床を減らす交渉は、本当に最後の手段で相当難航する」と頭を抱えていた。工事費の上昇は、地権者にとっても大きなリスクであり、当初思い描いたような再開発後の生活が送れなくなるということも実際には起きているのだ。

3　工事費上昇にどう対処するのか――地方と都市部、それぞれの現場から

県内最大の繁華街の再生なるか――富山市の場合

全国129地区に実施したアンケート調査で特に気になったのが、富山市の再開発事業だった。富山市の「富山市中央通りD北地区」は、工事費の上昇による影響について、「工事の遅れや停止」「施設の形態変更」「権利床の見直し」の三つすべてに該当すると回答していたからだ。実際にどんな事態に直面しているのか、現地を訪ねてみた。

2024年1月、一面雪に覆われたJR富山駅に降り立つと、すぐに目に付いたのは、駅前を走る路面電車。富山市はLRTと呼ばれる路面電車を軸に、中心市街地に人や都市機能を集約するコンパクトなまちづくりを進めている。「富山市中央通りD北地区」は、この路面電車の沿線に位置し、富山市内の中心部を東西に走る「中央通り商店街」の入り口にあった。

すでに一帯は、工事用のシートが張られ、大型の重機が解体工事を進めているところ

だった。商店街の顔とも言える場所に位置する、この地区はどんな事態に直面したのか。詳しい話を聞くため、再開発組合の理事長に連絡を取ると、取材を了承してくれた。

理事長によると、この地区で最初に再開発計画が持ち上がったのは、30年以上前の平成初期だったという。「中央通り商店街」は、昭和後期には県内最大の繁華街であり、1日3万人が行き交っていたが、平成に入ると郊外に大型の商業施設が誕生し、中心部の空洞化が地域の課題になっていた。

ただ、地権者の間で意見がまとまるまで時間がかかり、2008年にようやく地権者による準備組合が結成され、再開発計画が前に進み始めたのだ。そして、すでに人通りが全盛期の10分の1にまで減少し、シャッター通りとなった商店街に再びにぎわいを取りもどそうと計画されたのが、地上24階建てのタワーマンションと商業施設、国際規格のスケート場だった。

再開発事業では、マンションと商業施設、オフィスのいわば3点セットがつくられることが多い中で、他の施設と差別化するためにこだわったのが、国際規格のスケート場だという。

理事長は24時間・365日いつでも使用することができ、フィギュアスケートやアイスホッケーなどの国際試合にも対応できるリンクの大きさにしたと、その特徴を力説する。

富山市中央D北地区

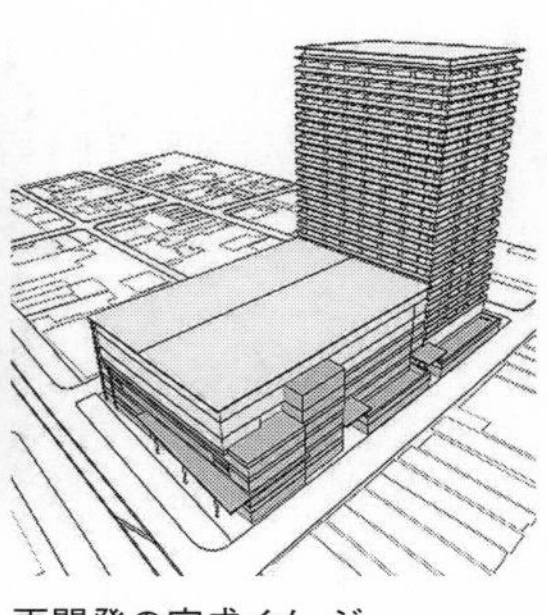

再開発の完成イメージ

計画がまとまった2022年9月時点では、総事業費は184億円。この時はまだ分譲マンションを売却した利益で、事業費は十分に賄える計算だった。

工事費上昇で地権者が費用負担

しかし、ロシアによるウクライナ侵攻が続く中で、資材価格が高騰。工事費は日増しに膨らんでいったという。そして、2023年12月時点でまとめられた最新の事業計画書を見せてもらうと、1年前より40億円以上も上振れし、総事業費は225億円に達していた。

再開発組合では、工事業者と協議し、資材を安価なものに変更したり、設計の一部を見直したりしたが、これ以上費用を圧縮することができなかったという。この時の心境について理事長は「もう無理だと思って計画を中止にしようとも考えたが、すでに計画段階から多額の資金が投じられていたこともあり、前に進むしかなかった」と振り返る。

そして、最終的に事業を成立させるために踏み切ったのが、権利床の見直しだった。分譲マンションの中でも高値が付く部屋を販売して事業費を捻出するため、もともと高層階や広い部屋を取得する予定だった地権者と直接交渉していった。高層階から低層階へ、広い部屋から狭い部屋へと移ってもらうよう、一人ひとりと話し合った。

しかし、反応は非常に厳しいものだった。

「話が違う、お前に騙されたと、きついことも言われた。多くの人は仕方ないことだと理解を示してはくれたが、納得できない気持ちはみんな持っていた」

そして、どうしても部屋の変更が難しいという人には、追加で500万円から1000万円ほどの費用負担を依頼した。ここでも「老後の資金がなくなる」と紛糾したが、最後には19人の地権者全員の了承を取り付けた。

理事長自身も、「相応の負担をするべき」だとして、追加で5000万円を持ち出すことになった。身を切る形になったが、これでようやく事業が成り立つ見通しが立ったという。本来、この再開発事業は地権者の費用負担がないはずだったが、工事費の上昇でその前提も大きく崩れた。結局、地権者の合意形成に時間がかかり、完成の時期も当初の予定から1年以上遅くなった。

「生まれ育った土地で人生最後のご奉公」と事業を引っ張ってきた理事長だが、いまだ先行きは見通せず、不安は拭えない。

「いったん収支はバランスしたが、全く楽観視できない。2024年1月には能登半島地震があったが、これが資材価格や工事価格に影響を及ぼす可能性もある。竣工までの3年間、どんな天変地異が起こるかはわからないが、できる範囲で精一杯やるしかない」

超高層ビルが駅前に誕生する裏側で——東京都中野区

もう一つ、気がかりだった現場がある。それが、東京都中野区で進む「中野サンプラザ」跡地の再開発事業だ。そもそも、この一連の取材を始めるきっかけの一つが、この「中野サンプラザ」跡地で進む再開発事業が資材価格の高騰で工事費が大きく上振れしているという情報をつかんだことだった。簡単に事業概要について説明する。

まず、JR中野駅周辺では、100年に一度と言われる大規模なまちづくり計画が進んでいる。あわせて11ある、まちづくり計画の中身を見ると、中野駅舎や中野区役所の建て替え、駅前広場の新設、そして駅前にマンションやオフィスビルを建てる五つの再開発事業などが盛り込まれている。

これらのまちづくり計画の中心となるのが、「中野サンプラザ」跡地で進む再開発だ。

「中野サンプラザ」とは、三角形の外観が特徴的な地上21階、高さ92メートルの大型複合ビルのことで、国内外の著名なアーティストやアイドルが公演を行ったホールがあることで知られている。まさに地域のランドマークとも言える建物だったが、竣工から50年が経過した2023年7月に惜しまれながらも閉館した。

そして地元の中野区は、「『中野サンプラザ』のDNAを継承した新たなシンボル拠点をつくる」として、この場所に最大7000人を収容できる多目的ホールを備えた低層棟と、商業施設やマンション、オフィスが入る高層棟を建てる計画を打ち出した。高層棟は地上61階建てで、高さは262メートル。東京都庁より高い超高層ビルが中野駅前に誕生することになっている。

しかし、2023年11月、この再開発事業を取材すると、資材価格や人件費の高騰で、建設費が250億円も増加する見通しになっていた。これにより、総事業費は2250億円から2500億円に膨らむことになる。事業の規模が大きいだけに、資材価格の高騰によるインパクトも大きかった。

当時、この250億円もの追加の工事費を工面するため、中野区は事業者と協議のうえ、一部フロアの用途変更を検討した。

具体的には、高層棟の商業施設を減らして、オフィスやマンションを増やす案が持ち上

図　中野駅周辺まちづくり事業一覧

中野区資料をもとに作成

がっていた。収益性の高いオフィスやマンションを増やすことで、収支を成り立たせようとしたのだ。

これにより、もともと5階分あった商業施設は1階分（約5000平方メートル）減らされることになるが、商業施設には本来「中野独自の文化を感じられる多様な店舗」などを入れて、にぎわいを創出する意図があっただけに、施設そのものの魅力が失われないかが危惧された。

再取材するとさらに100億円も上昇

そして、2024年4月、本書の執筆を前に、「中野サンプラザ」跡地の再開発の事業計画がまとまりそうだという。中野区の資料を見ると、半年前より総事業費はさらに上振れしていた。その総額は2639億円。

以前より100億円以上も上昇し、まさに青天井で上がり続けていた。それでは最終的にはどのような施設がつくられることになったのか。

2022年12月時点と比べると、主に次のような変更となっていた。

まず驚いたのが、階数が1階分増えていたこと。建物の高さはそのままで、マンション階を1階分増やしたという。それにより、部屋数は150戸増加していた。

図　中野サンプラザ跡地に建つ高層棟の計画

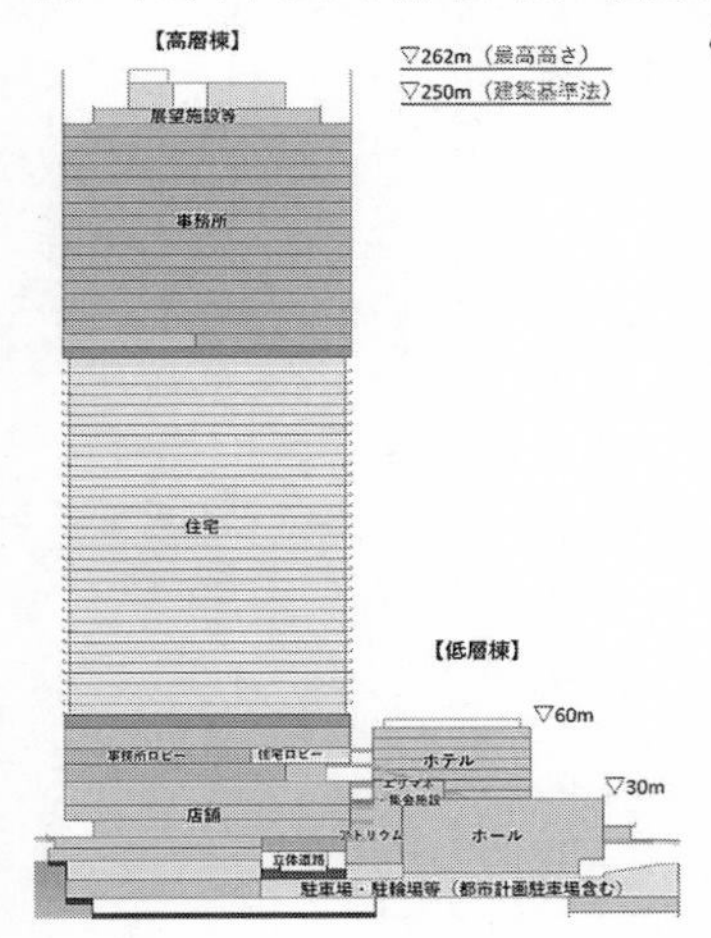

〈2022年12月時点の計画〉

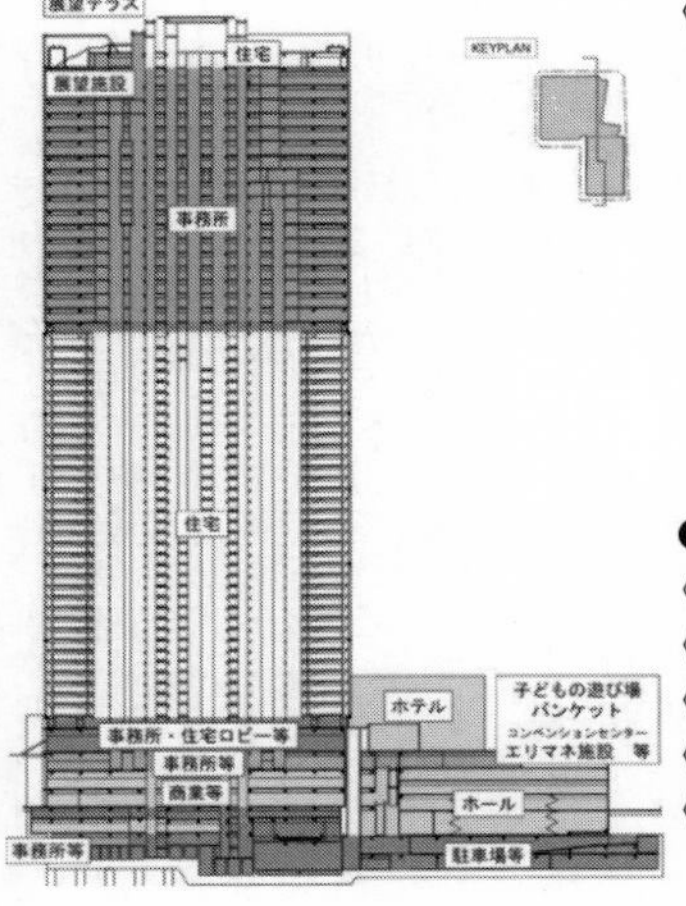

〈2024年4月時点の計画〉

●変更点
〈総事業費：2250億円→2639億円〉
〈階数：61階建て→62階建て〉
〈マンション部屋数：1100戸→1250戸〉
〈低層階の商業施設：5階分→3階分〉
〈完成時期2028年度→2029年度〉

中野区資料をもとに作成

つまり収益性が高いマンションをなるべく多くつくって利益を生み出し、事業費を賄おうとしていたのだ。興味深かったのは、工事費の上昇によって建物の規模が縮小する方向に進む地方の再開発とは異なり、部屋数の規模を大きくすることで事業を成り立たせようとしていたことである。

現在、首都圏の新築マンションの販売価格は右肩上がりで上昇を続けている。新築マンションの平均価格が1億円を超えた東京23区の再開発においては、高く売れるマンション戸数をいかに増やしていくかが、事業の成否を握っているのだ。

そして気になる商業施設は、5階分から3階分に減少していた。その分のフロアは、オフィスや駐車場に置き換わっていた。当初の案では、商業施設は2階部分が吹き抜けとなる計画だったが、結果的に2階は駐車場に。1階と3階・4階分が商業施設に割り当てられた。

中野区は、店舗が入る面積は当初の約70%まで減少した一方で、高層階に展望テラスを設けたり、子どもの遊び場をつくったりしたことで、区民が利用できる空間の面積に大きな違いはないと説明する。

「確かに商業施設は減らさざるを得なかったが、当初から建物の構成の4割をオフィス、4割を住宅、残る2割をホールも含めた商業施設とする割合で事業提案を受けていて、現

状まだこれは守られている」（中野区担当者）

計画も固まり、ようやく前に進む準備が整った「中野サンプラザ」跡地の再開発。しかし、資材価格の高騰に振り回され、そのたびに計画を見直さなければならなかった疲れが担当者からにじんでいた。

4　デベロッパーの立場から――補助金に頼る再開発以外のあり方も

深刻度を増す地方の再開発

建設工事費の高騰は全国の再開発事業に大きな影響を及ぼしているが、中でも地方の事業がより深刻な影響を受けているという。その実情について、地方を中心に再開発事業を手掛ける都内の不動産デベロッパー「株式会社フージャースコーポレーション」が取材に応じてくれた。

森俊哉（もりとしや）専務は危機感を次のように語る。

「工事費を見直してもまた上がるような状況で、いたちごっこが続いています。工事費が上がり続けると、事業そのものができなくなるおそれがあり、より価格を高く分譲できる都市でしか再開発事業ができない。その手法がとれなくなる都市も出かねない」

彼らが手がける各地の再開発でも工事費の高騰にどう対応するのか、地権者たちと頭を悩ませているところが多いという。建物の設計などを変更してなんとか事業を続けられるように企業努力も続けている。

地方により大きな影響が及んでいるのは、東京と不動産事情が大きく異なっていることが背景にある。地方では都心部に比べて工事費が上昇した分をオフィスやマンションの分譲価格などに転嫁することが難しい。

需要が地方に比べて旺盛な都心部では、価格を高くしても買い手や借り手がつく可能性が高いが、地方都市では価格を上げると需要が追いついてこないという。そもそも地方の再開発は国や自治体からの補助金がないと成立しない事業がほとんどだ。

工事費の上昇分をマンションの分譲価格などに転嫁できなければ、補助金を増額するか、地権者が持ち出しをして工事を行うしか事業ができないということになり、それだけ工事費の高騰が死活問題になるのだという。

それだけではない。森専務は、土地の価格が都心より低くても建物を建てる費用はどこの場所でも変わらないため、どうしても地方都市は事業費に占める工事費の割合が高くなってしまい、近年の資材価格高騰の影響をより受けやすくなってしまうのだと解説する。

街の更新には、さまざまな選択肢を

一方、地方都市の多くが生き残りをかけて、再開発による中心市街地の活性化に大きな

期待を寄せているのも事実だ。

森専務は「このままではいけないということで、行政も問題意識がすごく高い。住民も、昔のようにもう一度にぎわいを取り戻したいという機運があって、どうしたらいいだろうかと勉強会や話し合いを何年も行っている。そういう地域がいろいろ考えた末、再開発にたどり着くということが多いのではないかと思う」と実情を話す。

企業としても、計画を一部見直すなどして事業費の縮減を図る努力をしているというが、この状況が続けば採算がとれる場所だけで再開発が行われ、地域間格差をさらに広げることにもつながりかねない。その解決策として、行政による補助金の増額も一案として検討すべきではないかという考えも明かした。

他方で、街を活性化するには、補助金に頼った再開発以外のあり方も模索され得るとも話す。

「再開発ができないから街の更新ができないということにはならないとは思う。例えば、リノベーションを行っていくような事業の方法もある。公共施設を絡めながら、PFI（プライベート・ファイナンス・イニシアティブ：公共施設等の建設、維持管理、運営等を民間の資金、経営能力及び技術的能力を活用して行う手法）という道もあるし、いろいろな手法を検討しながら、その地域ごとに合わせた事業に我々も取り組んでいけたらいいなと考えている」

最後に、工事費高騰の影響を踏まえた持続可能なまちづくりに必要な方策は何だと思うか改めて問うと、次のように答えた。

「とても難しい問題だと思っている。全国のいろいろな都市で大変難しい課題として取り組んでいる。『これが正解だ』というものは、ないと思う。それぞれの街の実情に合わせたやり方をみんなで考えていくしかない。

再開発も手法の一つで、一定の区域を面で更新していくということでは非常に有効だし、街並みを保存しながら、リノベーションで対応していくという方法もある。我々も全国の街を元気にしていきたいという思いで取り組んでいる」

第3章 再開発をしたけれど……

1　さいたま市——人口増で学校や医療のインフラ不足も

人口増加が続くさいたま市

２００３年に政令指定都市となり、20年が経過したさいたま市では、人口の流入が続いている。

移り住んだ人に話を聞いてみると、都心からおよそ30分という利便性の良さや、水害や地震などの災害が少ない地域であること、教育環境が整っていることなどが魅力だという。

さいたま市によると、10年前の２０１４年に１２５万人余りだった人口は、２０１８年には１３０万人を突破した。２０２４年６月時点では１３４万９０００人と、毎年およそ1万人のペースで人口が増加している。

全国の自治体のほとんどが人口減少に頭を抱えている中で、異例とも言える人口増加を続けているのだ。

実際に、２０２４年2月に発表された民間の住宅情報サイトが行った東京、神奈川、埼玉、千葉、茨城の1都4県の「住みたい街ランキング」でも、さいたま市の人気が際立つ結果となっている。

この調査は、1都4県の20代から40代の9000人余りに、インターネットで住みたい街を駅名で選んでもらったもので、さいたま市の「大宮」が2023年よりも順位を一つ上げて過去最高の2位、さいたま市の「浦和」も順位を二つ上げて10位にランクインしている。

こうしたさいたま市の人気を支えているのは、子育て世帯の転入だと考えられている。

総務省が住民基本台帳に基づきまとめた「人口移動報告」によると、転入者数から転出者数を差し引いた転入超過は2023年に7631人と、全国のおよそ1700市町村の中で第6位となっている。

特に顕著なのが0歳から14歳までの子どもの転入超過だ。14歳以下に限ると、転入超過は988人と全国第1位となっていて、2015年から2023年まで9年連続で全国第1位の転入超過数となっていることから、さいたま市が子育て世代に選ばれていることが見えてくる。

こうした人口増加などの影響で、個人市民税の税収はこの10年で500億円あまり増えるなど、市の財政にも好影響を与えている。

武蔵浦和駅付近の空撮（2016年時点）

一方で課題も浮き彫りに……学校現場では

ところが、取材を進めると、人口増加のしわ寄せとも言える事態が起きていることも見えてきた。

その異変の一つが、地域の学校現場だ。

マンションの建設が相次いでいるさいたま市の中でも、タワーマンションの建設が続いているエリアの一つがさいたま市南区である。

ＪＲの武蔵野線と埼京線が交差する武蔵浦和駅周辺の市街地再開発事業では、これまでに６街区で開発が完了し、８棟のタワーマンションが建設され、主に住宅として活用されている。

さらに、現在、市街地再開発準備組合を立ち上げて事業の実施に向けた検討を進めているエリアもあり、こちらも現状の計画では、住宅用のタワーマンションとなる方向で調整が進められていて、今後もタワーマンションの建設が続く地域だと言える。都心へのアクセスの良さなどから、子育て世帯が増加しているのだ。駅周辺には五つの小学校と四つの中学校がある（注：武蔵浦和駅から概ね2キロ圏内にあり、内谷中学校区と関連がある小中学校）。

このうち、小学校は12から24クラスの適正規模校が1校、25から30クラスの大規模校が3校、さらにそれを上回る過大規模校が1校となっていて、中学校も1校が大規模校に位置付けられている。さいたま市の推計では、今後もクラスを増やして対応しなければならないことが見込まれていて、子どもの増加への対応が急務となっている。

過大規模校の現実——教室も校庭も足りない

このうちの一つの学校が、さいたま市立浦和別所小学校だ。児童数は1200人ほど。クラスの数は40に上っていて、国からは大規模校をさらに上回る過大規模校と位置付けられ、国の指標では抜本的な対策が求められる基準を大幅に超えている。

また、この学校の児童一人あたりの校庭の面積は4・5平方メートルと、市内の小学校平均の16・6平方メートルのおよそ4分の1となっていて、子どもたちの活動にも制約が出ることもあるという。

昼休みにのぞいてみると、校庭で遊ぶことができない子どもたちが教室に残っていた。取材で訪問したこの日に校庭で遊べるのは、2年生と5年生。それ以外の4学年は、教室や図書室などで昼休みを過ごしていた。

校庭で遊んだ後の5年生の男の子に話を聞いてみると、「今日はみんなでだるまさんが転んだをしていました。ボールで遊ぶのが本当に楽しい。日によるんですけど、ドッジボールとかバスケットボールとかたまにやります」と額に汗を浮かべながら答えてくれた。

一方で、校庭で遊べず、教室で友人とじゃんけんなどをしていた4年生の男の子は、「外で遊べないから、中で遊んでます。（外で）遊びたいです。走り回りたい」とのこと。

学校では、子どもたちにのびのびと学校生活を送ってもらい、昼休み時間を楽しんでもらいたいという思いはあるものの、児童数が過密となることなどから子どもの安全を第一に考え、昼休みに校庭で遊ぶ学年を、曜日によって絞るという運用を行っているという。

浦和別所小学校の持木信治（もちぎしんじ）校長も、複雑な思いを打ち明ける。

「非常に子どもたちが多い。ただ施設面は限られている。なんとか子どもたちが困らないように学校生活を進めています。そこは努力しています。

子どもたちが多いので、すごく活気はあるのですが、すぐに校庭を広くするとか子どもたちの人数を減らしてほしいということはできないので、今ある環境でなんとか工夫して子どもたちの教育環境を整えられればということを、我々は考えています」

この学校では、児童数の増加に伴い教室が足りなくなったため、数年前には仮設校舎を建設した。中学年の一部のクラスが仮設校舎を学び舎にしている。

ただ、仮設校舎から本校舎までは50メートルほどの渡り廊下を渡らなければならず、本校舎にある図書館が遠いことなども考慮し、仮設校舎にも図書コーナーを設けるなど学校運営を工夫しているという。

市民プールを解体して新たな学校に

一方で、現場の工夫だけで子ども数の増加に対応することにも限界がある。

このためさいたま市は、児童の増加を踏まえて、新たに小中一貫の義務教育学校の設置を予定している。

市は、義務教育学校について3か所の校舎を活用して運営を行う方針で、既存の小中学校2校の校舎を活用するのに加えて、新校舎を整備する計画だ。新たに整備されるのは沼影校舎で、この予定地になっているのが市の沼影公園と沼影小学校の一部の敷地である。

2024年度に実施設計、2025年度に着工、2028年度の開校を目指している。

市は、義務教育学校全体で子どもの数が３６００人ほどの規模を想定していて、このうち、沼影校舎には、５年生から９年生までのおよそ２０００人が通う想定だ。

そのほか、現在の浦和大里小学校を浦和大里校舎、そして内谷中学校を内谷校舎として、それぞれ１年生から４年生までのおよそ８００人ずつが通う想定となっている。

この校舎の一部として活用されることが決まっている沼影公園は、ウォータースライダーや流れるプールなどがあり、地域の子どもたちに親しまれてきた場所でもある。

子どもの教育環境を整備するための学校の建設で、子どもの遊び場が減ってしまう。

こうした矛盾に、一部の市民からは反対の声が上がり、沼影公園の存続を求める署名活動なども行われてきた。

一方で、さいたま市は沼影公園の解体で不足する公園用地について、市南部地域で代替用地の確保を目指している。

すでに、２０２４年度から沼影公園の屋外プールなどの解体工事は始まっているのだが、取材した２０２３年９月当時のさいたま市の担当者のインタビューを紹介しよう。さいたま市都市公園課の川名啓之（かわなひろゆき）課長は以下のように語ってくれた。

「沼影プールはやはり皆さんにとって貴重な施設ですし、夏の思い出づくりのための施設という認識もありますので、なんとか残してほしいという声をいただいているのは事実で

図　武蔵浦和駅周辺地区学校等

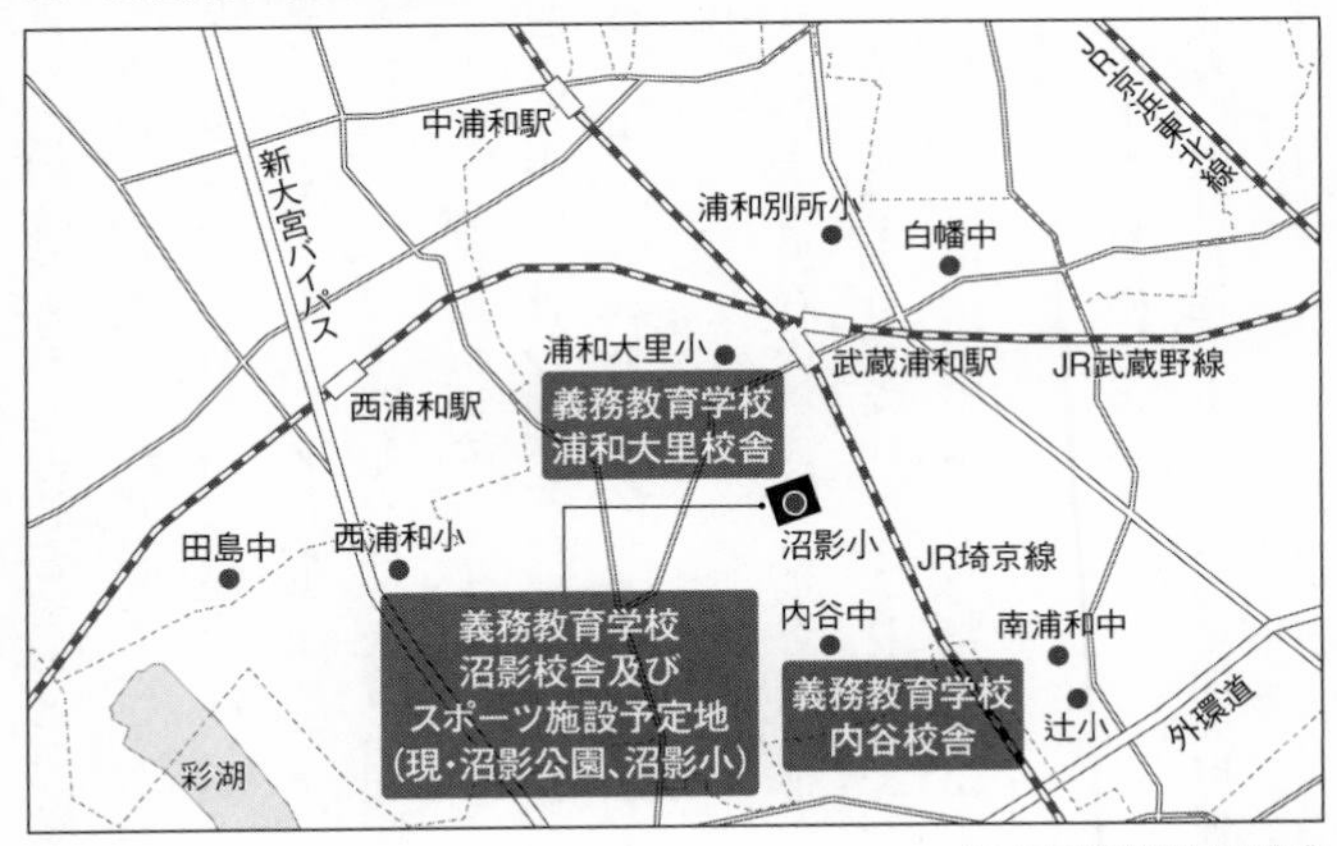

さいたま市資料をもとに作成

図　武蔵浦和駅周辺地区における学級数の推計

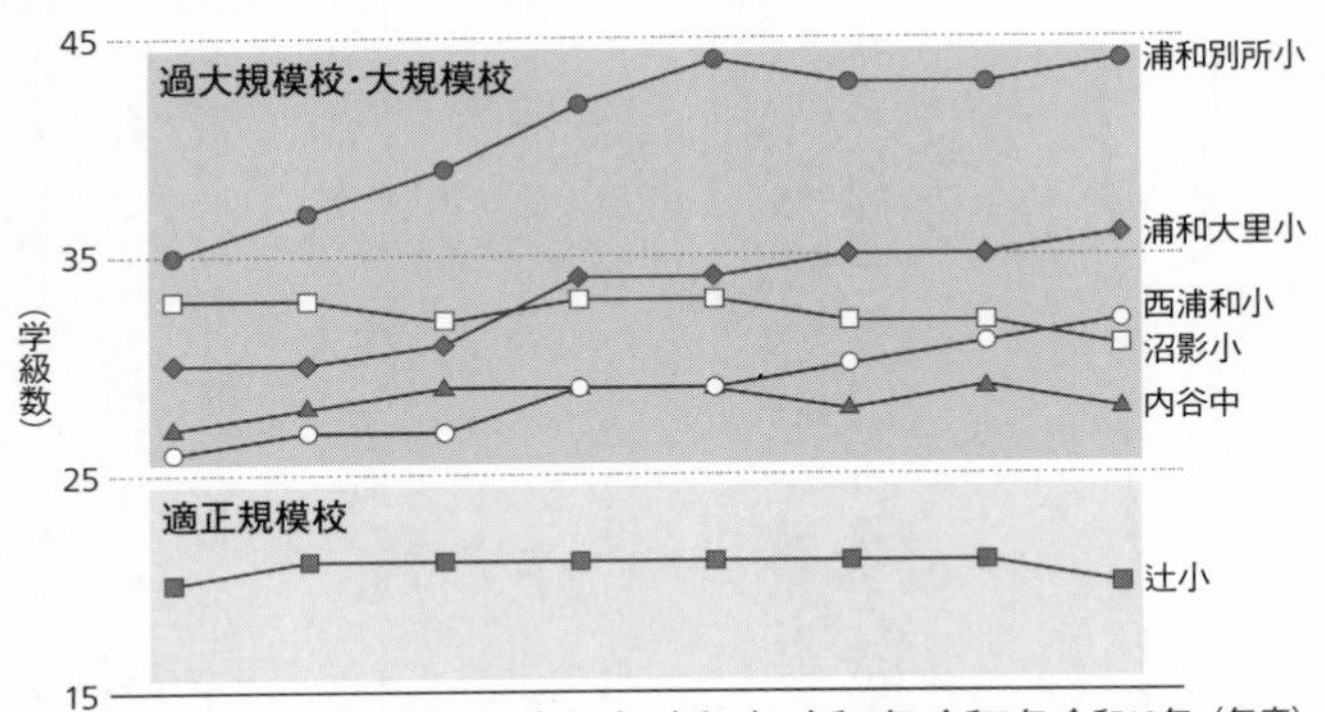

※「令和4年度時点 学級数推計」(特別支援学級を含む)

さいたま市資料をもとに作成

す。ただ、子どもたちの教育環境という部分では学校も必須というところで、今回こういった形で沼影公園を廃止しまして、学校をつくっていくという決断に至った次第です。子どもたちの教育環境を大事にしたいという部分で皆様方には丁寧に説明をして、ご理解をいただきたいと考えております」

さいたま市は、再開発の進む武蔵浦和駅周辺地区では、学校の建設用地の取得が不可能だとして、苦渋の決断だったと話す。

新たな小中一貫の義務教育学校の開校は２０２８年度の予定だが、これによって周辺の大規模化している小学校や中学校の校庭や体育館が手狭だといった学校規模の課題の改善が図られる見通しだ。

さいたま市教育委員会は、子育て世帯が増えて、さいたま市が移住先に選ばれていることと自体は大変ありがたいが、人材確保やハード面の整備が課題となっており、今後も子どもたちの教育環境の整備に取り組む必要があるとしている。

人口の増加は医療にも影響

さらに取材を進めると、人口増加の影響は市民生活に欠かせない医療分野にまで及んでいることも見えてきた。

都内からさいたま市に移り住んだ30代の女性とその家族のケースから考えてみたい。

この女性は、さいたま市は子育てがしやすい街だと聞き、２０２１年に家族で都内からさいたま市内のマンションに移り住んだ。

仕事の関係で都内に住んでいたが、夫婦ともに地方出身だったことから、都心ではなく郊外で子育てがしたいと、引っ越しを検討していた。埼玉県だけでなく千葉県なども検討していたが、実際にさいたま市の街を下見で訪れたときに、街の雰囲気が気に入ったという。

「駅に降りてみて、すごく空が開けている。街がきれいだったり、歩道が広く並木道になっていたりしていて、雰囲気が気に入ったことが一番最初にありました。

都内に住んでいたころは、歩道が狭かったり人が多かったりしてもそんなに気にならないと思っていたのですが、一度広々としたところに住んでしまうともう戻れないなという感じで、思っていたよりも快適です」

さいたま市に移り住んだ当初は夫と子ども2人の4人暮らしだったが、その後、3人目の子どもが誕生し、今は子どもが3人、合わせて5人で暮らしている。

ところが、移り住んだ当初は想定していなかった事態に直面しているという。

「小児科がすぐ埋まってしまいます。ウェブでの診療予約で、予約の空き枠がないと出て

きてしまう。インフルエンザなどが流行った時は全然予約が取れず、ちょっとしんどそう
でも、まあ水分とって寝させて、という感じです。

逆に最近は、周りでそういった発熱の子が少ない時にうちの子が発熱すると、今なら予約が取れそう、ラッキーと思ってしまう自分がいて、何かおかしいなみたいな……。

ママ友の間でも、あの病院は1回診察してもらわないと発熱の子どもは受け入れていないとか、うちはどうしても診てもらいたい時はタクシーでどこどこに行っているという話をします」

女性は、さいたま市への移住については総じて満足しているが、医療については改善してほしいと感じているという。

実際に、さいたま市内で小児科医として働く医師も、子どもの増加を実感しているが、全員を診ることはなかなか難しく、もどかしい思いを抱えているという。

与野駅が最寄りのにしむらこどもクリニックの西村敏(にしむらさとし)院長に話を聞いた。

「みんな診たいのですが、診きれないのは、もうどうにもなりません。体が二つあるわけではないですから、キャパ以上はできない。働き方改革などで職員の労働時間も厳格化されており、8時間以上の労働は昔のようにはできないのが現状です。残念ながら、みんな診たくてもできないということで、ジレンマを抱えています」

さらに、ここ数年はコロナ禍で発熱外来の対応が求められ、患者一人あたりの診療に時間がかかることも現場の負担につながってきたという。

そのうえで、次のように指摘した。

「地域で急に子どもが増えても（医者は）増えない。あと今、少子化になっていますから、急に（子どもが）増えたからそこに（医師を）増やそうとしても、マンションの場合、十何年経つと子どもも巣立っていきます。一時期だけそこで開業してまた別の場所に移るというのも現実的ではありません。

だから、同じタイミングでファミリータイプの大規模マンションが建ち、お子さんが急に増えれば、それは対応しきれなくなる可能性がある。だから計画的に開発していっていただければベストです。行政と小児科医会の連携があってもいいのかもしれませんが……」

慢性的な救急医療のひっ迫の声も

また、命に直結する救急医療の現場でも人口の増加が医療体制のさらなるひっ迫を招いているという指摘がある。

救急医療の最前線を担っているさいたま赤十字病院は、県内初の三次救急の医療機関として、地域の医療の核を担う存在だ。

しかし、その病院の最前線では今、綱渡りの対応を余儀なくされている。

取材したある日、救急の現場では、救急隊員による搬送依頼の電話が何度もかかってい
た。

「(受け入れを) 10件断られて、うちに要請がきているのですが、今、救急病棟が残り1床
で満床になります。ベッド状況的にはかなり厳しい」

「かかりつけとかない感じ？　クリニック？」

「クリニックレベルです」

「○○病院はまだ当たってないってことです」

「そこだけ当たってもらって、どうしようもなかったらもう1回電話してと言って。その
場合、受け入れるしかないのかもしれないね」

十数分後……。

「13件目……」

「じゃあ対応しましょう」

さいたま市在住の高齢男性だというこの患者は、13の医療機関に搬送を断られてしま
い、受け入れ先がないとして、さいたま赤十字病院に無理を言って再度搬送を依頼した。

医師たちは、この患者を受け入れ対応することにした。

このように、新型コロナの感染拡大が落ち着いた今でも、夜間の救急搬送で受け入れた患者でベッドが埋まり、日中に病棟を移ってもらったり、転院の調整をしたりして、なんとか空きを確保しており、連日満床の状態が続いているのが現状だ。

この地域で20年にわたって救急医療に携わる、田口茂正（たぐちしげまさ）医師は危機感を募らせている。

「救急の患者さんが入るべきメインベッドが基本的に全部埋まってしまっている。災害時だったら限界があるため、トリアージが行われる。そうした災害は起きていないのに、普段からギリギリです。本来は一人ひとりに最善の医療を提供してあげたい。それがこの地域に住んでいる人たち、市民の皆さんとか県民の皆さんが安心して暮らせるということだと思う」

さいたま市の人口10万人あたりの医師数は１９９・４人で、埼玉県内のほかの二次医療圏と比べると多いのだが、政令指定都市の中では最下位となる。

また、さいたま市消防局によると、２０２２年の救急車の救急出動件数は８万３６５件と、前年より１万３９２５件、およそ21％も増加している。これに伴って、救急搬送が困難とされたケースも７４００件を超えていて、これまでで最も多くなった。

この病院では、救急医療の処置をしたあと、リハビリや療養を行うための転院先となる病院も慢性的にひっ迫していて、ベッドが空けられない事態に陥っているのだという。

「（患者の）行き先がいつも満員になっている。そうするとこういった救急病院も常に満員になって、八方ふさがりというのですかね……」

さいたま市の担当者は、市内の現状について、次のように認識している。

「さいたま市では、人口の増加と医療ひっ迫は直結しないと考えており、また市内で医療ひっ迫が起きているという認識は持っていない。小児科は、インフルエンザなどの感染症の流行期には一気に受診者が増えるため、季節によって受診する患者数にばらつきがあると考えている」

一方で、救急医療の最前線にたつ田口医師は、まちづくりの観点に医療の視点が必要だと考えている。

例えば、病院においても、周辺に大規模なマンションが建設される際には、事前に情報を把握できれば、医療スタッフの増員を検討したり、場合によっては病床数を増やす必要があるか検討したりするなど、準備できることがあるのではないかと感じている。

実際に、大規模なタワーマンションが建設されれば、１０００人単位の住人が新たに移り住んでくることになり、医療を必要とする場面もそれだけ増える。

ただ現在は、マンションの建設や再開発などを行う民間事業者などから病院への情報提供の仕組みは整っていない。空き地があったとしてもマンションが建つのか、どれくらいの規模のマンションなのか、ファミリー向けのマンションなのか、それとも単身者向けなのかといった情報を共有するシステムは全国的にも整備されていないのだという。

田口医師の言葉だ。

「さらに開発は進むのだと思うし、人口が増加していく見通しもあるので、学校、道路、公園など、そうしたインフラと同じような形で、医療の計画も併せて考えれば、もっと住みやすい街になっていくと思う」

街の再開発やまちづくりは、地域の価値を高めたり、人を呼び込み活性化させたりするための起爆剤になりうる。その一方で、こうした再開発はデベロッパーや再開発組合が主体となって進められる場合が多く、行政などとの情報共有が必ずしも十分とは言いがたいのが現状だ。

大規模なタワーマンションが建設されることによる周辺への影響——例えば多くの人が移り住むことによる交通渋滞や、保育園や放課後児童クラブの不足、医療資源の不足などについて想像力を働かせることが大切だと感じる。

後追いではなく、事前に協議することで対策を講じることができれば、もともと住んでいる地域住民も、そして新たにタワーマンションに移住してきた人々もそれぞれの暮らしの満足度を高めることにつながるだろう。

街は開発をして終わりではなく、人々の生活はそこから紡いでいかれる。学校も医療も生活に欠かせないインフラだ。だからこそ、まちづくりにおいては人が移り住んだ後についての想像力を十分に働かせること、まちづくりの情報共有や連携の仕組みづくりが必要だと言えるだろう。

2 顕在化する「床あまり」——再開発先進地で起きていること

空室率が高止まりする東京・湾岸エリア

高層化によって大量の床を生み出す再開発。新たな床は金を生む原資であり、再開発には欠かせないものだ。ただ、取材を進める中で、ある疑問が湧いてきた。これだけの床を埋めるだけの需要は本当にあるのかということだ。

事業費を捻出するために床を大量につくっても、そこに需要がなければ、ゴーストビルと化し、将来的に大きな負の遺産になってしまう。そこで私たちは、都心に大量に供給されているオフィス床の現況を探ることにした。

この取材の大きな足がかりになったのが、民間の仲介会社などが発表している、オフィスの空室率をまとめたデータだった。

オフィスビルの仲介を手がける民間の会社が、自社データをもとに定期的にエリアごとに分けて、オフィスの空室がどれだけあるかをまとめて発表しているものだ。景気や企業の成長を図る一つのバロメーターとしても使われている。

この空室率データをまとめている複数の仲介会社に取材すると、東京都内の中でも特に空室率が高いエリアが浮かび上がってきた。それが、東京の湾岸エリアだった。

大手仲介会社「三幸（さんこう）エステート」によると、2024年1月時点の都心5区（千代田区・中央区・港区・新宿区・渋谷区）全体の平均空室率は4・97％でオフィス余りを示す目安の5％前後で推移していた。

ただエリアごとに見ると明暗がはっきりしていて、今も大規模な開発が続く「渋谷・道玄坂エリア」は1・36％、オフィスビルが建ち並ぶ「丸の内・大手町エリア」は2・25％と、ほとんど空室がない。

これに対し、東京の湾岸エリアに位置する品川シーサイドフォレストや天王洲アイルを含む「北品川・東品川エリア」は11・91％、中央区・晴海を含む「東日本橋・新川エリア」は10・54％と、都心5区平均の2倍以上の空室率となっていた。半分近くが空室になっているビルも複数確認できた。

これらのエリアは、まさに1980年代以降、物流施設や工場などが移転した跡地を、国際的なITビジネスの拠点とするべく再開発して大規模なオフィスビルを次々とつくっていった場所である。

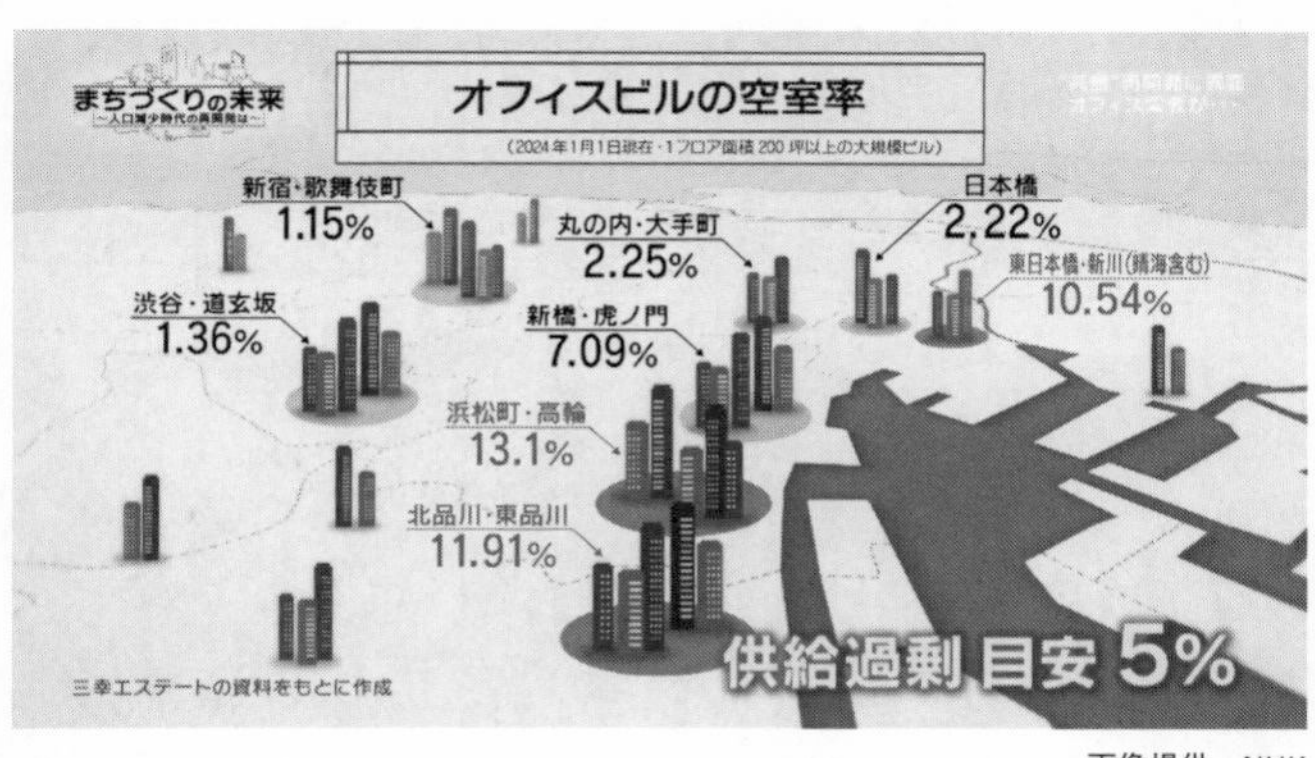

画像提供　NHK

２００３年に放送されたＮＨＫの番組「高層ビルが東京を覆う」では、「品川シーサイド」に建てられたばかりのオフィスビル内を取材、担当者が「光ファイバーが設置されているので通常のビルと比べて通信速度が早い」などと、最新のオフィスビルに移ってきた理由を誇らしげに語っていた。

象徴的なあの再開発ビルでも空室

では、当時盛況だった湾岸エリアのオフィスビルは、今どうなっているのか。

湾岸エリアに焦点を絞って、再開発によって誕生した、10以上の大規模なオフィスビルのオーナーや管理会社に取材を進めることにした。しかし、取材は難航する。ほとんどのオフィスビルが撮影はおろか取材すら受けてもらうことはできな

「晴海トリトン」最上階の空室フロア　　画像提供　NHK

かった。

そんな取材依頼を続ける中で内部の撮影を許可してくれたのが、湾岸エリアの再開発を象徴するオフィスビル「晴海トリトン」だった。東京都中央区晴海にある「晴海トリトン」は、再開発事業によって２００１年に完成。３棟の超高層のオフィスビルや、南ヨーロッパをイメージしたショッピングモール、マンションが一体で整備された晴海地区のランドマークとなっている施設だ。

２０２４年１月、「晴海トリトン」の仲介会社に案内してもらったのは、３棟の中で最も高いおよそ１９０メートル・44階建てのオフィスビルの最上階フロア。窓の外には東京湾を一望できる眺望が広がっていたが、肝心の企業は入っておらず空室となっていた。

仲介会社の担当者によると、このビルでは５年前まですべてのフロアが満室だったが、今では最上階を含む複数のフロアが空室となっていて、新たな借り手を探しているという。

「コロナ禍で働き方が変わり、各企業がオフィスのあり方を見直すなかで移転する企業が多く、今も複数フロアで募集を続けている」(「晴海トリトン」の担当者)

湾岸エリアから企業流出のなぜ?

改めて湾岸エリアの空室率を調べてみると、「晴海トリトン」の担当者が語るようにコロナ禍をきっかけに企業が移転したことが大きく影響しているようだった。では、なぜ湾岸エリアで顕著なのか。実際に湾岸エリアから移転した企業を探し出し、話を聞くことにした。

取材に応じてくれたのは、2022年に中央区・晴海から千代田区九段下にオフィスを移転したIT企業だった。15年間借りていた晴海のオフィスを移転した理由は、やはりコロナ禍でリモートワークが進んで出社率が低下し、オフィスが余剰となってきたことを挙げた。

同程度の家賃でよりコンパクトなオフィスを都内で探した結果、行き着いたのがより都心のオフィスだったという。決め手は立地。都営大江戸線の勝どき駅から徒歩10分ほどかかった以前のオフィスと比べて、オフィスの最寄り駅である九段下駅には、東京メトロの半蔵門線や東西線、それに都営新宿線の３路線が乗り入れる。

交通利便性の良いところにオフィスを構えることは、社員の通勤面でも魅力的であるだけでなく、人材獲得競争が激しいＩＴ業界では採用面においても優利に働くのだという。

移転先は、２０２２年に竣工した真新しいオフィスビル。この企業では、コロナ禍を経て、オフィスを働くだけの場所ではなく、社員同士がコミュニケーションをとって創造的なアイデアを生む場所と捉え直すことにした。その方針のもと、オフィスのレイアウトも従来の机がただ並ぶだけの形ではなく、カフェスペースや打ち合わせスペースなどを随所に設けて、社員同士のコミュニケーションを促す配置にした。

こうした工夫ができるのも、新しいオフィスならではだったという。実際に通勤する社員の反応を尋ねると「オフィスも新しくきれいになり、利便性も上がったことで、社員のみんなも喜んで出社してくれるようになっている」と語り、新たなオフィスの満足度は高いようだった。

この企業以外にも同じように湾岸エリアから移転した複数の企業に話を聞くことができたが、「立地」や「新しさ」を重視したという声が多かった。

つまり、コロナ禍を機に企業がオフィスのあり方を見直す中で、都心の利便性の高い立地、ハイスペックなビルに需要が集まった結果、20年以上が経過した湾岸エリアのビルは相対的に選ばれにくくなっていたのだ。

このため、先ほどの「晴海トリトン」も生き残りに必死だ。当然、今さら立地を変えることはできないが、企業にとって魅力あるオフィスビルに生まれ変わるべく、竣工以来初めてとなる大規模な改修工事に打って出た。

新しく建て替えるのではなく、エントランスやエレベーターホールを新たなデザインにリニューアル。企業からニーズが高いラウンジスペースなども新たに設ける予定だ。さらに、賃料の値下げや、一定期間賃料を無料にする「フリーレント」なども行うことで新たな需要を掘り起こそうとしているという。

コロナ禍以降、オフィス需要は世界的に大きく変化した。実は近年、湾岸エリアだけでなく、立地のよい都心の新築ビルも、多くの空室を抱えたまま完成を迎えるケースも出てきている。

オフィス需要に詳しい三幸エステートの今関豊和(いまぜきとよかず)チーフアナリストは「巻き戻らない不可逆な変化が起きている」と指摘する。その変化とは、コロナ禍を経たリモートワークの浸透、そして生産年齢人口の減少を指す。その上で、再開発によって高層ビルをつくり続けることのリスクをこう指摘する。

「今後、多少出社率が上がることはあってもオフィス需要の総量がコロナ禍前を上回って伸びていくというのは考えづらい。一方で、再開発によってオフィスが増え続けている現状を見ると、増えた分がすべて埋まっていくと考えるのは楽観的ではないか」

国際的なビジネス拠点を目指すとして、今も競うように超高層ビルが建てられ続けている東京。調べてみると2022年時点で、都内の100メートルを超える超高層ビルは552棟に上り、この20年で約3倍に増えていた（「東京都建築統計年報」より）。

その分だけ、オフィスやマンションなどの床が供給され続けていることになるが、人口減少が加速する時代に、これまでと同じように床が埋まるかは見通せない。将来に大きな負の遺産を残さぬよう、改めてその持続可能性を考える時にきている。

第4章 ユニークなまちづくり地域の取り組みとは

1　世田谷区下北沢——街の文化や歴史を継承する

生まれ変わりつつある街・シモキタ

古着やアート、演劇など、サブカルチャーの街として知られる、東京都世田谷区の下北沢。この下北沢地区のおよそ1・7キロメートル、2万5000平方メートルにわたる敷地に生まれたのが「下北線路街」と呼ばれるエリアだ。

小田急線の東北沢駅から下北沢駅、そして世田谷代田駅の3駅にまたがる線路跡地を開発し、2022年5月に全面開業した新たな区域である。

この「下北線路街」には、カレー店やカフェなどの飲食店に加えて、レコード店や本屋、さらに、箱根から温泉を運んでくる温泉旅館にさまざまなイベントが企画できる広場など、ユニークでちょっと変わったスポットがずらりと並んでいる。

新たな街を実際に歩いてみると、観光客や大学生などの若者だけでなく、犬を連れて散歩している人の姿や、学校帰りの子どもたちが広場で遊んでいる姿など、地域住民たちの姿もよく見られる。

半世紀以上をかけて実現

この下北沢の新たなまちづくりはどのような経緯で進んだのか。

街を変える必要性が認識されたきっかけは、「開かずの踏切」の解消だった。朝の通勤ラッシュ時には、1時間に最大50分間も遮断機が下りていた場所もあり、交通渋滞が起きるなど、「開かずの踏切」として地域の課題になっていた。

このため、東京都が市街地で道路と交差して言える線路を高架化、もしくは地下化することで踏切をなくし、交通渋滞を解消しようとしたのだ。

この東京都の都市計画が策定されたのは1964年で、小田急電鉄は乗客の輸送力を高めるために、上下線ともに2本ずつの合わせて4本の線路とするための「複々線化事業」を進めていた。こうした工事は、1989年以降順次着工され、最後まで残っていたのが下北沢地区だった。最終的には、鉄道は地下化されることになり、2004年から小田急線を地下へと切り替える工事が行われ、2013年に地下化が実現。ダイヤ改正を含めたすべての事業が完了したのは2019年だった。

1964年に都市計画が策定されてから、およそ半世紀が経っていた。そして、線路が通っていた地上が線路跡地として活用されることになり、「下北線路街」として生まれ変わったのだ。

再開発には反対運動も

歴史をさかのぼってみると、1970年代には、小田急線の地下化を要望する陳情や、デモなどの運動が行われてきた経緯があるという。

高架で複々線化する場合には、沿線の建物や住民の立ち退きが必要になることに加えて、電車の行きかう騒音などへの懸念もあった。

1970年には、事業の見直しを求めるおよそ3万5000人分の署名が区議会に提出されるなど反対運動も広がりをみせ、さらに1990年代には住民訴訟も提起された。こうした経緯をたどりながら、2003年、都は東北沢駅から世田谷代田駅の間を地下化する連続立体交差事業の新たな都市計画を決定した。

一方、この事業で地下化の決定と同時に、道路計画も動き出すことになった。

1946年の終戦直後に計画された下北沢駅の北側を東西に貫く「都市計画道路補助第54号線」、そして平成期に入って計画された、下北沢駅前の交通広場と広場から補助第54号線に接続する街路からなる「世田谷区画街路第10号線」を、線路の地下化と併せて整備するというものだった。

これは、道路の幅を拡張し、駅前までタクシーやバスなどの車両が乗り入れできるようにすることで利便性を高めることが期待されていたものの、地元の多くの商店が立ち退きを余儀なくされる計画でもあった。

さらに、世田谷区は、規制緩和によって、大規模な再開発を可能とする地区計画案を決めた。

具体的には、世田谷区は「土地の合理的な利用の促進を図り、道路空間の確保と建築物の不燃化を促進させ、秩序ある景観のそろった街並みの形成を目指す」ための「街並み誘導型」の地区計画案を作成した。

この中では、補助54号線と駅前広場に面する敷地について、500平方メートル以上あれば、高さが最大45メートルの建築物を建てられることとし、さらに2000平方メートル以上あれば高さが60メートルまでの建築物を建てることを机上では可能とした。

こうした経緯の中で、地域住民や下北沢で活動するアーティストなどからは、既存の歩いて楽しめる〝シモキタらしい〟街が失われるのではないかといった懸念から、街が変わることや、高いビルが建てられることに対する反対運動が行われた。

その代表が「Save the 下北沢」という住民主体の団体だ。

「Save the 下北沢」は、地域住民だけでなく下北沢に愛着のあるアーティストなども加わり、反対署名を集めたり、デモを行ったりと、積極的な反対運動を展開した。さらに２００６年には、事業予定地の地権者を中心に約50人の原告によって「まもれシモキタ！行政訴訟の会」が結成され、行政訴訟が展開された。

こうした紆余曲折を経て、地下化の工事は進められ、２０１３年には小田急線の地下化は実現した。これによって開かずの踏切が解消されるとともに、管理する小田急電鉄は東北沢駅、下北沢駅、世田谷代田駅の三つの駅のおよそ１・７キロメートルの区間の線路跡地を活用したまちづくりについて具体的な検討が加速した。

高層ビルが建てられない制約を逆手に個性として

始まったまちづくりの検討。しかし、このエリアは地下に線路が通っていることもあり、地上の建物には重量制限などの制約があった。つまり、一般的な再開発のように収益性の高い高層ビルを建設することはそもそも困難な場所だったのだ。

開発を担当してきた小田急電鉄まちづくり事業本部の向井(むかい)隆昭(たかあき)さんによると、当時、商業コンサルに調査を依頼したが、事業性が高くない場所だと指摘されたという。

実際、大手チェーン店にも聞き取りをしたが、事業の参入は難しいと断られてしまっていた。当時の心境について、向井さんは次のように話している。

「高さのある建物をつくれない＝事業性としてはあまり高くない、と考えていました。大手のチェーン店やスーパーからはあまり需要が見込めないので、出店できないというヒアリング結果が出ていました。大手チェーンの出店はなかなか難しいエリアなのだなという認識を持ち、正直、どうしたらいいのだろうかと思っていました」

こうした中、向井さんが着目したのは、地域住民が多いという点だった。

「小田急線の70ある駅の中でも、この世田谷代田駅、下北沢駅、東北沢駅の3駅は、1キロメートル圏内の人口密度が高いトップ3だというデータがありました。日々の乗降客数は少なくても、地元に住んでいる方々がいることをポテンシャルだと考えたのです」

そうしたなか、活路を見いだしたのが住民との徹底的な対話だった。

これまで、小田急電鉄としては参加していなかった、世田谷区が主催していた住民や区の担当者などがまちづくりについて意見交換をする「北沢デザイン会議」や、「北沢PR戦略会議」などに参加することにしたのだ。

北沢PR戦略会議は、2016年10月に立ちあがり、集まった人たちが〝シモキタのこれから〟について自由に意見を出しあった。小田急電鉄側は開発に懐疑的な人たちや反対の声も含めて、地域住民と徹底的に対話しようと考えたという。

実際に会議に参加してみると、計画が知らないままに進んでしまうことへの警戒や、どんな街になるのかがわからない不安から開発に反対している人がいることがわかってきた。

このような会議に参加した意義について、向井さんは次のように述べている。

「住んでいる方々との対話だったり、実際、何を求めてるかということを、今まではあまり把握できていなかったところを変えていかなければいけない。地元の方々の意見を聞いていこうという面が、大きく変わったポイントです。

参加してみると、計画を知らない間に進めてほしくないとか、顔の見えない関係で不安という意見が多くありました。街のことは住民のほうが知っているのだから、もっと聞いてくれと。我々ももっと住民の方とコミュニケーションを取っていこうと思いました」

「Save the 下北沢」の代表で、下北沢でロックバー「Never Never Land」を営む下平憲治さんは次のように振り返っている。

「下北沢は歩いて回れる回遊性が魅力の街なのに、それができなくなってしまうと思い、反対していました。それに、道路ができると次は土地の集約化や高層化されるおそれもあり、シモキタらしさが失われ、ほかの都心の街と同じになってしまうことへの懸念がありました。

私たちはただ開発に反対していたわけではなくて、シモキタらしさをなくす開発を受け入れられなかったので、街をよくしたいという思いは区や小田急電鉄と一緒だったと思います。最終的には、小田急電鉄や区も思いを汲んでくれ、お互いに良好な関係の中で新たなまちができあがったと感じています」

あわせて13の施設が完成

完成した「下北線路街」には、箱根の芦ノ湖温泉から水を運んでいることが魅力の温泉旅館や、保育園、都市型のホテル、それに「下北線路街空き地」と呼ばれる自由な遊び場など、あわせて13のエリアが誕生した。

この中でも、小田急電鉄のまちづくりを最も表している代表的な施設が「ＢＯＮＵＳ　ＴＲＡＣＫ」だと言えるだろう。

「ＢＯＮＵＳ　ＴＲＡＣＫ」は、下北沢駅と世田谷代田駅の間に位置し、そのすべてが２階建ての建物だ。１階を店舗、２階を住居とする店舗住宅一体型の長屋４棟などからなり、本屋やレコード店、カフェ、飲食店などが入っている。

短期的な利益ではなく、中長期的に価値を生み出していけるエリアをつくるのがコンセプトだ。開業時からテナントはいくつか入れ替わっているが、空き店舗が出た場合に出店を募集すると、多数の応募が来るため、店舗はコロナ禍を経ても常に埋まっているという。

下北沢〜世田谷代田駅間につくられた緑豊かな遊歩道「下北線路街」

個性的な店が集まるBONUS TRACKは「みんなで使い、みんなで育てる新しいスペース」を標榜する

住民に寄り添う「支援型開発」

この対話の中で、小田急電鉄が新たなまちづくりの核として位置付けたのが、「支援型開発」という考え方だった。

「支援型開発」とは、「地域のプレーヤー」の主体である、住民たちのかなえたいまちづくりを支援するという考え方だ。「〝何かを変える〟のではなく、開発を通じて街を〝支援する〟」という思いが込められている。

そのためにも向井さんたちは、小田急電鉄として考えるまちづくりを一方的に発信するのではなく、世田谷区や地域住民たちとの会議に加え、地域の商店主への説明会などに積極的に足を運び、合わせて200回以上にのぼって直接住民の話を聞き、地域のニーズを洗い出した。

当時の担当者は、地図を片手に地域を歩き回り、どんな地域特性でどんな人たちが住んでいるのか、またどんな人たちが街を訪れているのかなどを徹底的に調べて回った。そこで出てきた住民たちからの代表的な意見が次の二つだ。

一つめが、「チェーン店ではなく、個人のチャレンジを応援したい」、二つめは「街に緑を増やしたい」という意見だ。

まずは一つ目の「チェーン店ではなく、個人のチャレンジを応援したい」について。

この下北線路街には、飲食店などの商業施設や旅館、それに学生などが入れる寮など、あわせて13施設が立ち並んでいるが、先ほどもふれた「BONUS TRACK」にその特徴が表れている。

飲食店や書店、レコード店など、合わせて13店舗が軒を連ねているのだが、個性的な店や個人経営の店が減り、チェーン店が多くなる中、多少賃料を下げてでも個人店がチャレンジできるよう工夫した。

シモキタらしい個性的な店、個人店が入れるよう、施設の設計の前には出店に関心がある人たちに支払える賃料についてのヒアリングも実施した。この中で出た意見を踏まえ、賃料から逆算して、投資できる額を設定して建物を建設していったのだ。

店舗住宅一体型の長屋の賃料は、1か月15万円と、周辺の相場よりも割安に抑えている。こうして敷地を狭くしても賃料を安く抑えることで、チェーン店ではない個人店が出店しやすいように配慮し、チャレンジしたい個性的な店舗を多く集めることができた。

このうちの一つが、今はほとんど使われなくなったVHSで映像作品を見ながら飲食を楽しむことができるカフェ。ドリンクやポップコーンを片手に、若手監督の映像作品を見ることができる場所だ。

オーナーの林健太郎（はやしけんたろう）さんは現在30歳。若者がこうした店舗を持つことができたのは賃料が低く抑えられているからこそだとして、次のように語る。

「お店をやった経験がないので、もっと賃料が高かったり、お店を出店するってなかなか難しいんじゃないかと率直に思ったりしていました。踏み出しやすい価格設定やBONUS TRACKの運営の方々からのサポートも含めて、自分たちのように初めてお店を出して文化を盛り上げようという若者の挑戦に寛容な場所だと思います」

ほかにも取材中に出会った人たちの声を紹介しよう。

子育て中の地域住民の女性は、「犬と散歩しながらここでちょっとお茶して、また帰るというのをやっています。奇抜ではなくて自然になじんだ、そういう開発の仕方なのでいいなと思います」と話し、日常的に利用しているという。

また、散歩中だった地域住民の高齢女性は、「若い方がたくさん集まるでしょ。だから、すごく活気づいていてね。私はとてもいい開発だと思っております。今のこの開発のスタイルは大成功だと思います」と話していた。

また、別の地域住民の男性も、「ここで妻と一緒に食事したりはしましたけどね。非常に新しい下北沢という文化の中に、新しく何か発生したような感じがしますよね。ちょっと立ち寄るような店ができたなっていう感覚でいます。また利用させていただきます」と新たな街に肯定的だ。

新たな街は、以前から地域で暮らしている住民たちにも受け入れられているようだった。

「街に緑を」——地域住民も主体的参加で

二つめの「街に緑を増やしたい」。

周辺には自然を散策できる場所が少ないことから、近くに自然が欲しいという住民たちからの声が上がっていた。

そこで緑の整備については、世田谷区と鉄道会社などが協議して、住民側が遊歩道や広場の木々の手入れや管理を行うことで実現させた。

住民たちが主体の「シモキタ園藝部」という団体も設立され、定期的に木々の手入れや管理などを担っている。現在、メンバーは小学生の子どもから高齢者まで200人ほどにまで増加し、地域住民が主体的にまちづくりに関わる仕組みが生まれている。

また、シモキタ園藝部では、植栽管理にとどまらず、管理するエリアで育てたさまざまなハーブを使って、ハーブティーを販売するお店「ちゃや」も展開した。このほかにも、資源循環に関するイベントを行うなど、住民同士の交流の拠点になりつつある。

シモキタ園藝部の代表理事、関橋知己(せきはしともみ)さんは、地域住民が主体となってまちづくりに参画する手法だとして、次のように話している。

「自分の街に対して、お客さんじゃなくて自分事になる一つの切り口として、緑というのはいいんじゃないかなと思っています」

小田急電鉄の向井さんらも、建築制限のある中でも、街の個性を生かした開発を行うことで、長期的には街の価値を高め、持続可能性のあるまちづくりにつながると考えている。

「一般的な分譲のようにかかったお金を1回で回収するというモデルではないので、長く続けてお金だけではなくて定性的な価値を生み出し、鉄道にも乗ってもらう、住み続けてもらうということが必要です。地元の方にとっては愛着が増す、我々としては事業性が上がるというWin-Winの関係が築ける可能性はある。対話を重ねるプロセスの部分がかなり重要だと思っています」

鉄道事業者としては、一過性の人気ではなく継続して人が集うことが、鉄道沿線の活性化につながるうえ、本業である鉄道そのものの利用客数を増やすことになるのだという。不動産開発という考えにとどまらず、人が訪れたくなる場所や交流できる場所をつくることで、長期的に街の価値を高めることができると考えている。

実際に、駅の乗降客数にも、こうした効果が表れているそうだ。

小田急電鉄によると、「下北線路街」の開業前の２０１８年度と開業後の２０２２年度を比べると小田急線全線の定期外の乗降人員は、９・４％減少しているが、「下北線路街」

の3駅平均では4・6％増と、コロナ禍でも駅の乗降人員が増えているという。

コロナ禍を経てテレワークが増えるなど、駅の乗降客数は減少傾向にあるなか、この三つの駅が増加しているというのは、人が集いたくなる、訪れてみたくなる価値がある場所になっていると考えられる。

まちづくりはこれからがスタート

下北沢のまちづくりはこれで終わったわけではなく、世田谷区が行う下北沢駅駅前広場の整備などの計画が今も進行中だ。世田谷区はこうしたまちづくりについても、住民と意見交換をしながら進めていきたいとしている。

街の個性を大切にしながら、今の時代に合ったまちづくりをどのように行うのか。シモキタは、一つのヒントを示していると言えよう。

2　岩手県紫波町——視察が殺到する「補助金に依存しない開発」

地方のまちづくりモデルとして注目を集める

人口減少が進む地方のまちづくりのモデルになると注目されている町がある。人口3万3000人弱の岩手県紫波町だ。まちづくりに関心のある読者の中には聞いたことがある方もいるかもしれない。というのも、この町の開発プロジェクトには多い年で全国一の270件の視察が舞い込むほど、全国、そして世界から注目を集めているのだ。

取材者である私も「地方で補助金に依存しない開発をしている町がある」と聞いて、これからの日本のまちづくりのヒントを得られるのではないかと、2023年12月、訪ねることにした。

東京から新幹線で盛岡駅に向かい、そこから東北本線に乗り換えて南へ5駅、およそ20分で、この町の開発の舞台にほど近い「紫波中央駅」に着く。向かう車窓からは豊かな農地が広がっているのが見えた。この町は農業、そして盛岡市のベッドタウンとして栄え

オガールエリアの入り口　　画像：株式会社オガール

てきたそうだ。

　降りてみると駅舎は1階建てでこぢんまりとしており、上下ともに平均1時間2本ほどが行き来する静かな駅だ。ただよく見ると新しく、聞けば町の熱い要望と寄付によって1998年に開業した、請願駅なのだという。

　実はこの駅の開業に伴い乗降客確保のために町が取得した駅前の10・7ヘクタールの敷地が、今回の開発の舞台「オガールエリア」だ。歩いて駅前のロータリーを過ぎるとすぐ目の前に、開けたエリアとデザイン性のある文字で書かれた「ＯＧＡＬ」という看板が見えてくる。

　これは「成長」を意味する紫波の方言「おがる」と「駅」を意味するフランス語の

「Ｇａｒｅ（ガール）」を組み合わせた造語で、紫波中央駅前を〝紫波の未来を創造する出発駅〟とする決意と、このエリアを出発点として紫波町が持続的に成長していくようにという願いが込められているのだそうだ。

年間１００万人を集める「オガールエリア」とは

敷地に入ると、中央には寝転がると気持ちよさそうな芝生の広場が広がり、その両脇をこれまたこぢんまりとした2階建ての建物が三つ、そして3階建ての町役場が囲む。広場の向こう正面には悠々とした東根山が見え、駅からまっすぐ歩いていたらいつの間にかエリアに入り、出ていた、というくらい周囲の風景と調和したエリアだ。

ただよく見て回ると、実にさまざまな機能が備わっていることに気づく。飲食店や物販店はもちろん、農産物などの直売所、蔵書数およそ11万冊で音楽も流れている図書館、眼科や歯科や小児科といった医療機関、保育園、塾や英会話スタジオ、音楽スタジオ、ヘアサロン、トレーニング施設、ホテル、さらには日本初のバレーボール専用コートや岩手県フットボールセンターまで。

ここは、これまで見てきたようなチェーン店のテナントが立ち並ぶ開発とは何かが決定的に違う。よく見渡してみると、人はそこまで多くはないものの、小さな子どもとおじいちゃん、おばあちゃんが芝生で遊んでいたり、仕事の合間なのかスーツ姿で役所に向かう人がいたり、図書館で勉強する子どもがいたり、小腹をすかせた制服姿の高校生がおやつを買っていたり、子育て世代が直売所で買い物していたり……幅広い年齢層の人々が思い思いの時間を過ごしていることに気づいた。

いわゆる商業ベースの開発エリアのように人々が〝非日常の買い物〟をしにくる観光地的な場所ではなく、〝それぞれの暮らしの時間〟が静かに流れている場所、という印象だ。そうか、ここでの主役は「商業」ではなく「人」なんだ。そんな特徴を直感した。

たくさんの人でごった返すような場所ではないが、それでもエリアの訪問者数は年間100万人にのぼるという。近隣住民を中心に、それぞれの〝暮らし〟が積み重なり、この数になっているのだ。補助金に依存しない上に人口減少の街でも確実に人を集めている、実に考え抜かれた開発のようだ。

「日本一高い雪捨て場」背水の陣からのスタート

一体誰がどのような手法で開発を進めていったのか。このエリアの一角に事務所を構えているというキーマンを訪ねた。

「2億円貸して！」

ちょうど訪れていた地方銀行の担当者に威勢の良い提案を投げかけていた人物がいた。彼こそが開発の中心を担った岡崎正信（おかざきまさのぶ）さん（51歳）。一民間人の立場で町から開発を任され、主導してきた。情熱的で誰に対しても歯に衣着せぬ物言いをする人柄のようで、あまりに率直な提案を受けた地銀担当者も一瞬戸惑いながらも思わず笑っていた。

実は岡崎さんがやって来るまで、町は財政難によりせっかく取得したこの駅前の10・7ヘクタールのエリアの開発に手をつけられず、10年近く空き地のままの状態が続いていた。取得にかけたお金は28・5億円。いつしか「日本一高い雪捨て場」と揶揄（やゆ）されるようになってしまっていた。

事態が動き始めたきっかけは、この町で生まれ育った岡崎さんが帰郷したことだった。岡崎さんはまちづくりの経験豊富な人物だ。地元の建設会社の長男として生まれた岡崎さんは大学卒業後には地域振興整備公団（現：都市再生機構）で働き、全国各地で区画整理事業や再開発事業を手がけたほか、当時の建設省にも出向し中心市街地活性化法を担当する都市局都市政策課で経験を積んでいた。

しかし29歳のとき、父が亡くなったことに加え、公共事業の減少で実家の建設会社が経営難となり会社を継ぐために帰郷。そこへ、この駅前町有地の活用を命題としていた当時の藤原孝町長から声がかかり、２００５年、町長直属の諮問機関「経営品質会議」に委員として参加したのだ。

長くまちづくりに携わってきた岡崎さんにとって、人口が減少するなか国にも自治体にもお金がなくなっていることは自明だった。一方で、住民が行政サービスに求めるものは大きくなっている。財政負担を抑えて魅力あるまちづくりをするためには、もはや補助金に依存した開発は難しいと踏んでいた。

しかも当時、紫波町は地方公共団体の健全化判断比率の一つである実質公債費比率が岩手県内の市町村でワースト1位だった。「紫波町の財政は火の車、絶対に間違うことができない状況。後ろはもう崖(がけ)」。いわば背水の陣だった。


前例の少ない「PPP」という公民連携手法への挑戦

活路を求めた岡崎さんは2006年10月、社会人大学院、東洋大学大学院経済学研究科の公民連携専攻へ自費で通い始めた。そこで学んだのが、日本のまちづくりではまだ歴史の浅かった「PPP（Public Private Partnership）」という公民連携の手法だった。

町の資料によると定義は、「公共サービスの提供や地域経済の再生など何らかの政策目的を持つ事業が実施されるにあたって、官（地方自治体・国・公的機関等）と民（民間企業・NPO・市民等）が目的決定、施設建設・所有、事業運営、資金調達など何らかの役割を分担して行うこと。その際、①リスクとリターンの設計、②契約によるガバナンス、この二つの原則が用いられていること」とある。指定管理者制度や包括的民間委託を含む概念だが、つまり岡崎さんはこの手法で民間の資金とアイデアによるまちづくりをやれないかと考えたのだ。

ただ、町有地の開発を民間に任せるハードルは高い。しかし町長もこの手法に賭け、土台を整えていった。2007年には議会で「公民連携元年」を表明、当時36歳だった町側のキーマンとなる職員・鎌田千市（かまだせんいち）さんも東洋大学大学院に送りこみ、大学とも公民連携の推進に関する協定を締結した。

大学が「紫波町PPP可能性調査報告書」をまとめると、2008年1月には町役場内に「公民連携室」を設置し、翌年には町として目指す方向性などを示した「公民連携基本計画」を策定、計画の目的に町有地の活用にあたって民間と連携することを明記した。

そして4か月後には公民連携のためのエージェントの役割を果たす「オガール紫波株式会社」を設立した。当初はこの手法について地元メディアや町民から懐疑的な声が聞かれていたが、町は2007～8年度には町内9地区を4巡しながら約100回の住民説明を行い、ワークショップも重ねながら住民を巻き込んでいった。

そして翌年にはプロジェクトの俯瞰図となる「オガール地区デザインガイドライン」を

策定し、わずか3年で土台を整備した。

一つ言えるのは、前例の少ないこの手法で開発を実現させるため、町全体が常識や組織を超えて本気の議論を重ねていったということだ。取材時には町役場のキーマンとなった鎌田さんにもお世話になったが、驚いたのはメッセンジャーもうまく取り入れながらやりとりをしてくださったこと。

質問をすると会話のようなスピードで返してくださり、そんなところからもこの町のフットワークの軽さとまちづくりへの本気度をしみじみと感じることになった。

最終目標は町の財政改善

背水の陣で挑んだPPP手法でのまちづくり。当然ながら「どんなものに投資したらいいかをみんなが真剣に考えた」という。それでは何を最終目標に据えたのか？

岡崎さんは確固たる答えを持っていた。

「地方創生とか地域再生って何をもって言うのかといったら、その地域の税収が上がるか、下がるかで評価されるんじゃないかと思っていて。税収を細分化すると、一番多いのは住民税・固定資産税です。（それらが）どの資産価値に左右されるかといったら絶対的に不動産価値なんです。なので、私の仕事の通信簿は、地価が少なくとも横ばい、できればプラスに行くということ。正直、人口が増えるとか、歩く人が増えるとか、そういったことはどうでもよくて、とにかく町内の不動産価値を上げるために、この紫波町が持っていた土地をどう活用するかを考えてプロジェクトをしています」

言われてみれば当たり前のようだが、岡崎さんはこれまでの反省も込めて、補助金ありきのまちづくりでは、補助金をもらうための審査が山場となり、その結果はシビアに求められないため、箱ものをつくることが目標になりがちだったと振り返る。

ではどうしたら不動産価値を上げられるのか。

岡崎さんはあるスローガンを掲げていた。それは、「住むなら紫波町」。いかに人々に「この町に住みたい」と思ってもらうか。大学院でさまざまな海外の先進事例を学ぶ中で、かつて中心市街地活性化法のもとで自分が手がけてきた「商店街が復活すれば町全体が再生する」という商業至上主義のまちづくりは間違いで、これからは人間中心のまちづくり、つまり「ここに住んでよかった」と思えるまちづくりをすべきだと心に強く刻んでいたのだ。

そして、住みたくなる重要なポイントの一つは「歩いて5~10分以内にあらゆる生活に必要なコンテンツがそろうこと。決して観光地に住みたいわけではないので」と教えてくれた。最初に感じた通り、実際にこのエリアには暮らすためのさまざまな機能が備わっている。

　では、補助金に依存せずこの人口減少の町でどのように資金を集め、開発を実現したのか。そこには最終目標に向かうための細かな〝逆算〟が積み上げられていた。以下、ポイントをまとめながら詳述していきたい。

開発のポイント①　まずは「普遍的集客装置」をつくる

　ここで皆さんに質問をしたい。このエリアで一番最初につくられたものは何か。

　答えはなんと、サッカーグラウンド。通常まちづくりといえばまず最初に分譲住宅や商業施設をつくることが多いが、オガールエリアでは、いの一番に120メートル×90メートルのグラウンドとクラブハウスを併設した「岩手県フットボールセンター」をつくった。一体なぜか？　岡崎さんに理由を聞くと、目から鱗（うろこ）の答えが返ってきた。

「消費をしない人たちをいかに集められるかということを考えました。どうしても、まちなかを再生するというとすぐに商業とか消費する人たちを呼ぼうという発想になりがちです。けれどどう考えても、このプロジェクトを始めた時点でもう既にEコマースが隆盛していて、モノを売るという行為で人を呼ぶのは現実的に厳しいことが明らかにわかるわけです。

「普遍的集客装置」の役割を担う岩手県フットボールセンター

画像：公益社団法人岩手県サッカー協会

そのときに、都市の成り立ちを少し研究すると結構シンプルで、ヨーロッパでもアメリカでも、数百人から何万人、数百万人の町も、中心にあるものは一緒。それは教会なんです。教会というといわゆる非消費者たちが集まる信仰のシンボルがあって、その前に広場ができて、その広場の脇にカフェとかショップができて、その界隈にホテルができて、そして、住宅ができている。

　これを『普遍的集客装置』と僕は言っていて、どんな時代であろうが人が来る仕組みをつくれば、その人たちを目当てに町に必要なサービスをしたいという人たちが集まってくるはずだという、その信念で、この町をつくり始めました」

　この人口減少の町でいきなり商業施設をつ

くるといっても客もテナントも来ず、銀行からの融資も受けられないだろう。そんな予想から、岡崎さんたちはまず最初に〝30万人の普遍的な集客〟を確保することを目標に掲げた。

既に建設が決まっていた町民待望の図書館で17万人、移転予定だった町役場で7万人を見込み、あとの6万人をどうするか考えあぐねていたところ、岩手県サッカー協会が県内にフットボールセンターを建設する計画があると小耳にはさんだ。そこで、開発にあたってエリア内につくる必要があった雨水貯留浸透施設の上の空き地に誘致できるのではないかと閃き、すぐに協会と交渉、他の町よりも立候補が遅かったにもかかわらず、わずか40日あまりで紫波町への誘致を決めた。

そして岩手県サッカー協会と20年契約を結び、日常的に練習や試合などで年間6万人の集客を確保、何もお金を生み出さなかったはずの土地を見事「普遍的集客装置」に仕立てたのだ。

そして図書館や役場もほかにはない魅力を備えたコンテンツになるよう試行錯誤し、盤石な「普遍的集客装置」を整えてから、2012年にオガールプラザ、2014年にオガールベース、2016年にオガールセンター……と一つずつ商業テナントが入る施設をオープンしていった。この効果は絶大で、「日本一高い雪捨て場」と言われて久しかった土地に、銀行の融資はもちろん、たくさんのテナント応募があり、コロナ禍でも安定した集客があったという。改めて、地方のまちづくりの落とし穴を岡崎さんは舌鋒鋭くこう語った。

「東京とか大阪の都心で成立しているやり方が地方でも成立すると思って真似してしまうことが、失敗する原因ですね。

集客のつくり方は、地方都市と大都市では全くアプローチが違う。いろいろな市民の声を聞くと、こんなブランドが来てほしいとか、こんなファストフードのお店が欲しいとか言われるんですよ。実際、ここでも言われました。だけど、ほかでもできたらそっちへ行っちゃうから。不動産価値を上げるための勝ち筋は、消費しない人たちをいかに賢く集められるかだと僕は思っています」

開発のポイント② テナントと賃料が決まってから施設を建築

さらに、こうした商業テナントが入る施設を建築するにあたっても「逆算」のポイントがある。それは施設を建てたあとにテナントを募集するのではなく、先にテナントを集めてから建てるということ。岡崎さんは「つくってから売るのではなく、売ってからつくる」と表現する。

図　逆アプローチの不動産開発

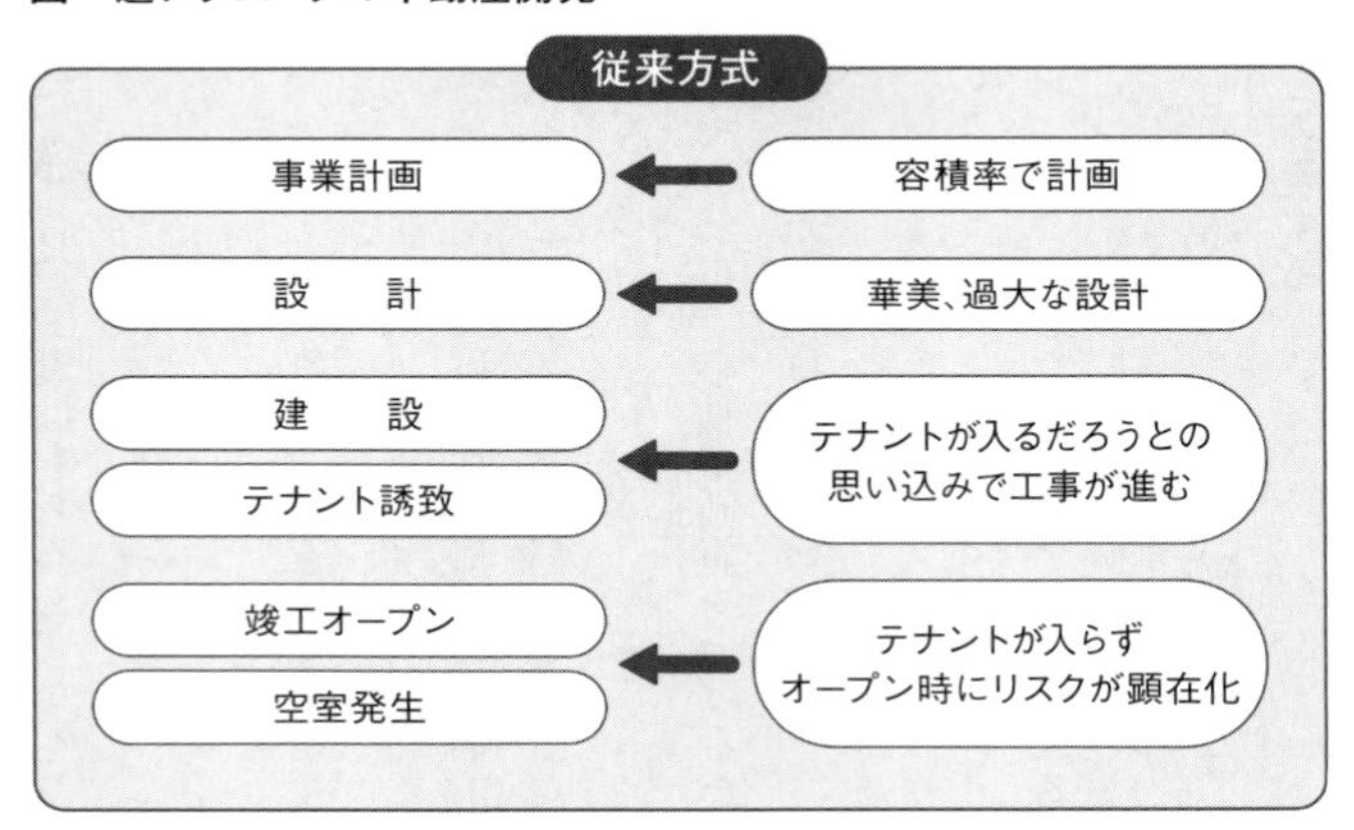

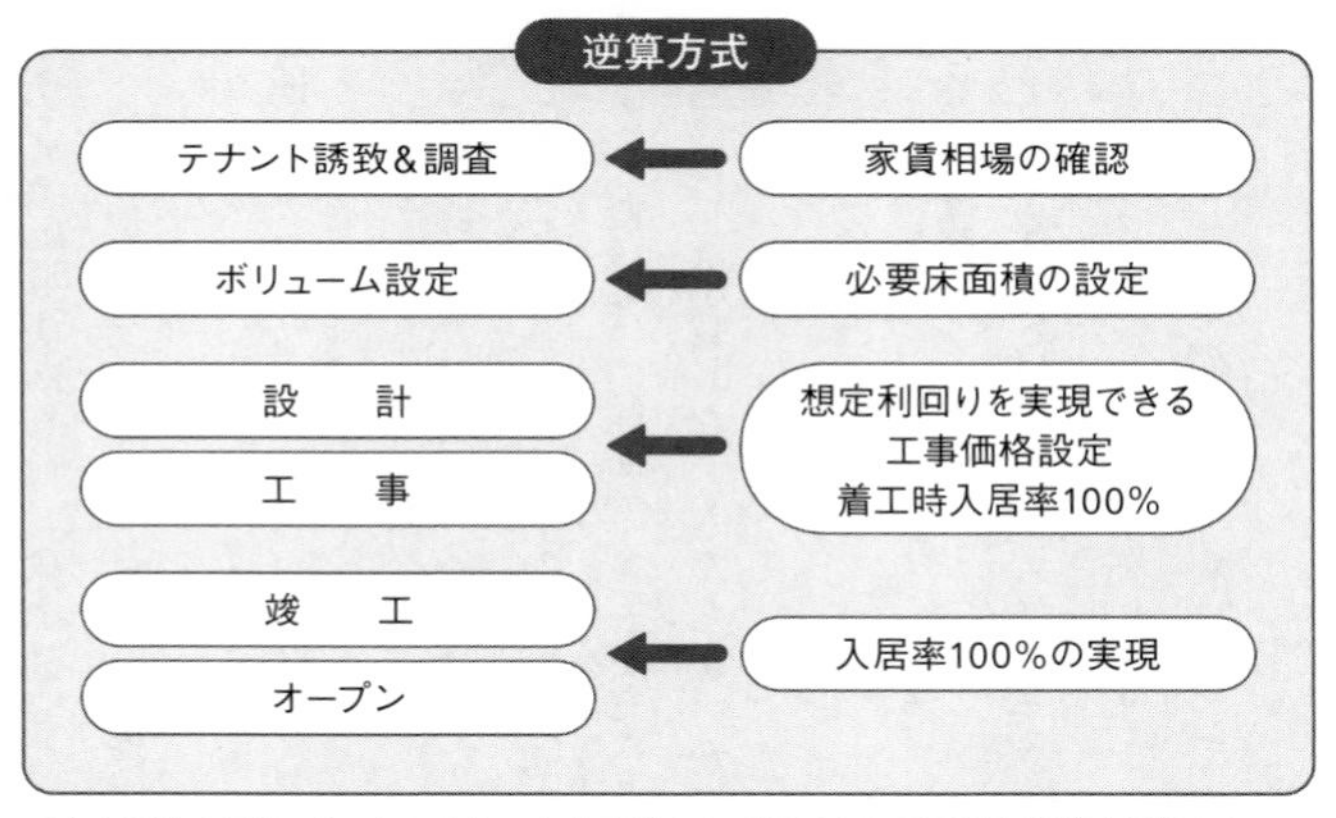

○志と算盤の両立。リスクの少ない安定事業として評価される不動産開発を目指した
○従来方式とは反対の逆算方式での取り組み

オガール紫波株式会社の視察研修資料より作成

従来の開発では、事業計画の段階で容積率をもとにめいっぱい大きい施設をつくりがちだ。そして華美な設計をしてテナントが入る見込みで建築するが、ふたを開けてみたらテナントが入らず、空室の発生、オープン時にリスクが顕在化する結果となる。

逆算方式の開発は、最初にテナントを集めて無理なく払える家賃を聞き取り、その後に初めて必要な床面積を設定、それをもとに銀行などから資金を集め、厳しい審査や収支計算のもと想定利回りを実現できる価格に収められるように設計・工事を行う。

補助金ありきではないからこその方法だが、これならば竣工時には入居率100%でスタートでき、その後の返済リスクを回避できるのだ。テナントが払える家賃こそが最重要と岡崎さんは言い切る。

「変えてはいけない絶対値というものが地方のまちづくりにはあって、それがテナントさんが出してくれる家賃。〝絶対家賃〟と私は言っているんですけど。そのほかは変えていいんです。建物の階数とか、規模とか、スペックとか。その家賃で最高のものをいかにつくるかということを、金融機関、お金を出してくれる人たちとともにつくっていくというのが逆算開発の真骨頂。

売り手市場じゃないんですよ。買い手市場なんです、地方都市は。東京の都心のビルみたいに坪6万円とか10万円とか払ってくれるわけではない。だけど、間違う開発者は、その絶対値を『いやいや、もっともらえるよ』と言って間違うんです。『こんなにかっこいい建物だし、この建築家の先生に頼んでいるから、これくらいの家賃だってこの地域でとれるよ』と建設が始まってしまって、いざテナントを募集したら『こんな家賃、誰が入るんですか』って。建物のスペックだけどんどん立派にしてしまって、立派にすればするほど家賃がもらえると思ってしまう。つまり私が言った絶対家賃じゃなくて家賃を変数化しちゃうという、ほとんどの失敗がそれじゃないですかね」

では具体的にどのように進めたのか？　例を聞くと、三つ目に建てられたオガールセンターのテナントの一つ、紫波中央小児科・紫波中央病児保育室の武藤秀和（むとうひでかず）さんを紹介された。向かってみると年の瀬にもかかわらず超満員。院長の武藤さんはアンパンマンのキャラクターが描かれた衣服に身を包み、「アンパンマン先生」と呼ばれていた。毎日着ているそうで、理由を聞くと「子どもが泣き止んでくれるんです」と教えてくれた。

このエリアに保育園が入ることが決まった時、岡崎さんは武藤さんに開業をしないかと熱烈オファーをした。エリアに小児科と病児保育施設の両方をつくることで共働きの夫婦を応援する〝オガール型働き方改革〟の実現を目指していたのだ。

武藤さんは勤務医でまだ開業するつもりはなかったが、計画に共感して開業を決意。その際、子どもが安心して「もう一回行ってもいい」と思える場所になるよう、広さと開放感と見通しのよさは大事にしたいと岡崎さんに要望した。岡崎さんはまず広さを確保した上で、武藤さんが払える賃料を聞き取り、試行錯誤が始まった。

まず天井は開放感のためになるべく高くしてほしいという要望があったが、当然、建物の高さを高くすればするほど建築コストが跳ね上がる。そこで、建物の高さは低めにしながらも、天井となる化粧板をなくし梁（はり）をむき出しにすることで高さを確保。

また、希望のあった床暖房ではなく、壁の内側と床下に断熱材を巻き付けるという方法でコストを抑えたが、冬場でも壁がひんやりしないほどの保温性を確保できた上に、壊れやすく維持費や電気代がかかる床暖房よりも維持コストを抑えられる結果になった。

他にも、訪問者の手にふれない上部やスタッフの部屋などはコンクリート壁の表面を化粧せずにざらついたままにする、小児科と病児保育室をつなげて一つの建物にする、間仕切りの壁を極力なくす、水回りに備え付けの棚をつくらない、などの工夫を積み重ね、通常の3割ほどコストを抑えることに成功した。武藤さんは満足気に振り返った。

「（要望の）8割ぐらいしか通らないかなと思っていたんですけど、ほぼ全部通った。今、7年経っていますけど、ストレスもないし、楽しく仕事ができているという実感ですね。（賃料も）全然負担になっていない。むしろ安くてラッキー。ここで開業できたことは、自分の人生で想像しなかったことだし、やってよかったなと本当に思います。自分が働ける間はぜひやらせていただきたいなと思っています」

従来の開発に比べ、建てるまでに苦労するというこの方法。民間事業では当たり前だが、融資をする銀行などからは1000本ノックのような厳しい収支計算や調査が求められ続けるという。しかし、それを乗り越えれば入居率100%でスタートを切れるだけでなく、テナントも安定して営業ができるため確実に賃料が入り、返済に回せるという利点がある。実際、エリア全体で22あるテナントはコロナ禍を経ても一つも空きが出ていないという。

開発のポイント③　エリアの機能が充実してから分譲地の販売を加速

こうして補助金に依存せずに着実にエリアの機能を充実させ、「住むなら紫波町」に向かってきたこの開発。ここで初めて、最終目標の「不動産価値を上げて税収を上げる」フェーズの到来となる。分譲地の販売加速だ。理由は、住みたくなるエリアになってからの方が人気が高まり地価が上がるからだ。

「ここに住みたいって思わせたら勝ちなんですよね」

そんな岡崎さんの言葉通り、親子4世代で引っ越してきたご家族がいる。93歳の東キヌさん、その息子夫婦の東信之さんとふみ子さん、そしてその娘夫婦の中家さん一家だ。

もともとキヌさんだけ沿岸の宮古市に住んでいたが、震災をきっかけに同居しようとこのエリアの分譲地を購入、２０１５年に引っ越してきた。既に紫波町平均と比べても地価は高めだったというが、それでも決め手の一つになったのはまさにエリアの機能の充実ぶりだった。

「これからは思いっきり本を読みたい」と言っていたキヌさんやその思いを尊重したふみ子さんにとっては図書館が、信之さんにとっては震災の経験から役場が近いことが魅力だった。さらに、結婚してこの家を出ていた娘の中家夏海さんと夫の恒太さん、４歳の悠太君、５か月の寛太くん一家も、やはりエリアの機能が決め手の一つとなって後を追うようにして分譲地を買った。

子育て中の夏海さんにとっては、直売所やベーカリーはもちろん、小児科や歯科、そして紙芝居や絵本を借りられる図書館も魅力だった。将来的にはサッカーやバレーボールの教室や、英会話スタジオも……と夢を膨らませているそうだ。

「住んでいるだけで安定感があるというか、自分の生活するところとしてすごく気に入っています」

毎日夕方になると、中家さん一家は食材を持って親の東さん一家のもとへ向かう。

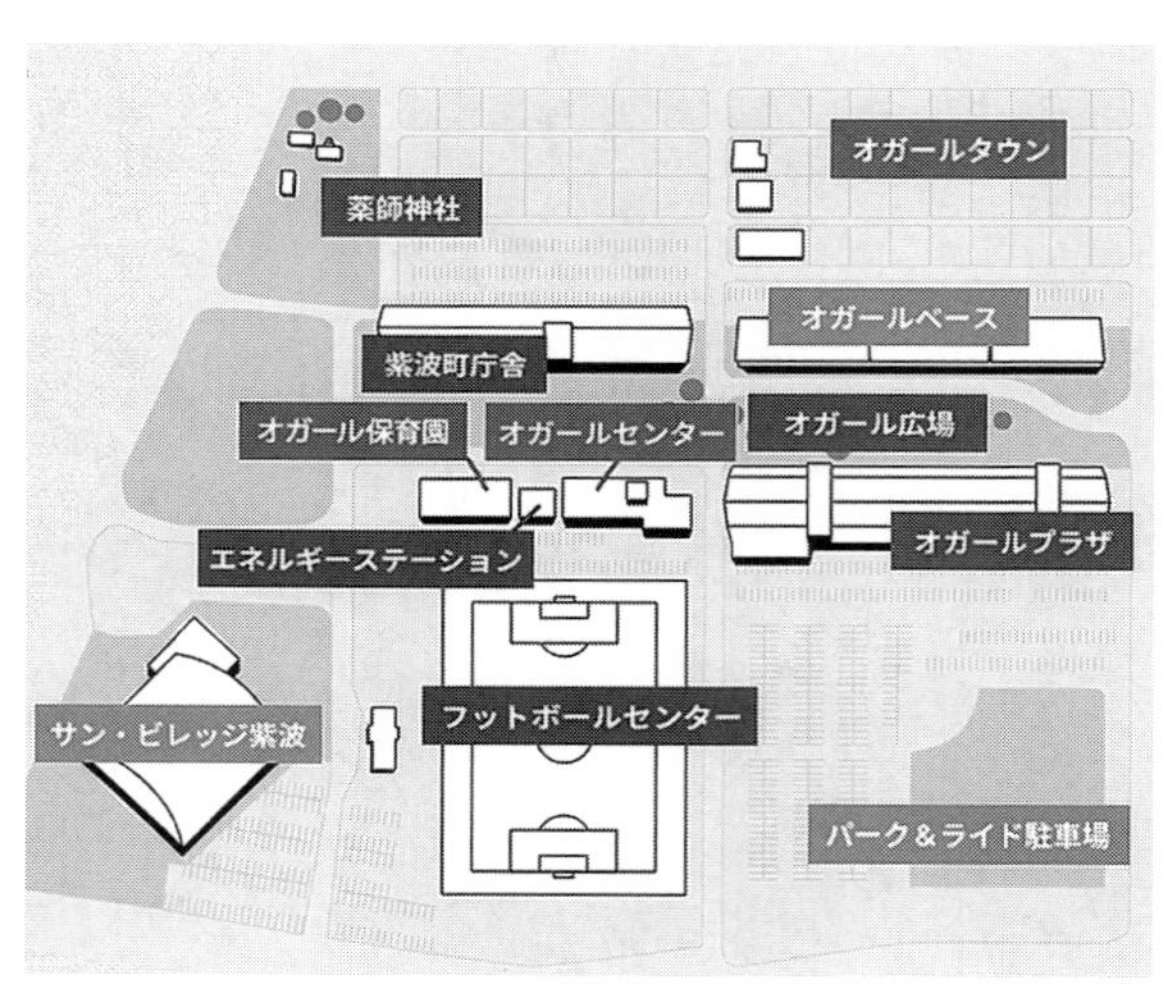

オガールエリアのマップ　画像：株式会社オガール

「じいちゃんち行こう」

5分も歩けば東さんが玄関から笑顔で出迎えてくれる。

「よく来たね！」

そこからは大運動会。ふみ子さんと夏海さんが食事を用意する間、悠太くんがかけっこを始め、信之さんも参加。その様子をキヌさんが微笑んで見守っている。実に0〜93歳、親子4世代の幸せそうな暮らしの風景だ。それを見ていると改めて、幅広い世代が共に暮らせる機能が人口減少の町のこのエリアにそろっているという事実に驚かされる。

開発が進められて10年あまり。過疎化が進んでいた地域にもかかわらず、周辺の地価は3割以上も上昇した。岡崎さんの通信簿は、合格のようだ。

番組では紹介しきれなかったが、エリアには他にも随所に町の未来を考えた仕掛けがあった。例えば図書館が入る施設は「官民複合施設」となっているが、同じ施設に入る商業テナントの賃料などでその維持管理費の一部を長期にわたって賄えるという「稼ぐインフラ」となっている。

また町内の木質資源を活用してお湯を沸かし給湯や冷暖房を賄っているほか、住宅は町産材を80%以上使用し断熱性や気密性に優れた「紫波型エコハウス基準」を満たすように建てられており、施工も町内の工務店が担当するなど、通常は町外に出ていくお金をなるべく町内で循環させる仕組みをつくっている。

ちなみにお邪魔した東さんの家は気密性が高く冬も玄関や窓の前まで暖かかった。曰く、この家に来てからは灯油やガスを全く使っておらず、以前の家では月に2万〜3万円かかっていた暖房費が1万円強で済んでいるという。

まちづくりは街に生きる人々とその未来のためにある

オガールエリアを取材すればするほど、まちづくりは経済的な利益のためにあるのではなく、街に生きる人々とその未来のためにあるのだと思い知らされた。最後に岡崎さんに総括のため話を聞くと、その目線はさらに先の未来を見据えていた。

「我々スタッフ一同、私も含めて、成功しているとは絶対に言わないんですよ。今、タスキをあずかっているランナーとして、紫波町の。次の世代の方々に少しでも有利なポジションでタスキが渡せるように。もう日々それだけですね。

しっかりとした町の中心、税収を稼ぐ源泉をつくれば、ほかの地域にも広く再配分できるようになってくると思うんですよ。周辺の中山間地域とか農村地にについても投資ができるわけです。ここはこの町が生きていくためのその最初のきっかけ、エンジンとしてつくったものなので」

「住むなら紫波町」はまだ始まったばかり。岡崎さんは町内の次なるプロジェクトに向けた打ち合わせへと消えていった。

3 神戸市――面的なまちづくりとタワマン規制

異例の施策〝タワマン規制〟

神戸市は4年前、独自のまちづくりを打ち出し、世間を驚かせた。中心市街地の三宮(さんのみや)駅。2020年7月、その周辺でタワーマンションの新築を規制する条例をつくったのだ。三宮を中心に、地区内において住宅等の新築を規制する「都心機能誘導地区」を設定。これによって、中心市街地にタワーマンションを建設することが困難になった。

〝タワマン〟は人口を一気に増加させ、民間業者に富をもたらす、言わば〝魔法の杖〟とも呼ばれる。日本全体で人口減少が進む最中、各自治体はその存続をかけて人口の奪い合い競争を繰り広げている。都市の眺望や駅へのアクセス、ハイスペックな施設を備えるタワマンは、消費者のニーズが高い。そのため自治体にとっては、人口を獲得する選択肢の一つと言える。

実際、大阪にアクセスが良い兵庫県の複数の駅には、近年、高層マンションが相次いで出現している。駅徒歩圏内の好立地では、マンション建設を見込む不動産業者によって水面下で地上げも起きている。もし神戸市に〝タワマン規制〟がなければ、デベロッパーや不動産業者が莫大な市場価値を見逃すはずがない。

大きな流れに逆行するかに見える施策に踏み切ったと言える神戸市の狙いは一体どこにあるのか。

〝今後、人口が増加に転じる可能性はほとんどない〟

全国有数の〝人気タウン〟と言える神戸市であっても、人口減少の波には逆らえない。神戸市の久元喜造（ひさもときぞう）市長は、2023年10月の定例会見で、去年10月1日時点の推計人口が150万人を割り込んだと発表した。

「以前から神戸市は人口減少傾向にあり、150万人を今年中に割り込む可能性が高いとお話をしてきましたが、今月10月1日時点の推計人口は149万9887人になりました。9月1日時点が150万693人でしたので、前月比で806人減です。これは少子高齢化の進展による自然減の傾向が継続しているためだと思います。今求められていることは、この人口減少幅をいかに抑制するかということ、そして、人口減少時代にほとんどの自治体が直面しており、我が国も直面をしているわけですから、この人口減少時代にふさわしいまちづくりをどう進めるのかが大事だと考えています」

人口は、都市の活力の〝バロメーター〟とも言われる。増加すれば都市は繁栄し、減少すれば税収が下がり、必要な行政サービスを維持するのが難しくなる。まして激化する都市間競争の中では、有効な施策が打てない自治体は駆逐され、最悪の場合、〝消滅〟への道を進みかねない。

人口減少への対策は、都市が生きるか死ぬかを左右する極めて重要な政策課題だ。当然、会見では記者から認識を問う質問が相次いだ。

久元市長は次のように答えた。

「我が国の将来人口推計では、国立社会保障・人口問題研究所が出す推計が一番権威あるものとされていますが、日本の人口はこれからずっと減っていきます。こういう段階に入った国が、再び人口増に入る可能性はほぼない。これは、およその道の専門家の間に行き渡っている見方です。そういう中で、神戸市以外のほとんどの自治体にも当てはまることだと思いますが、神戸市が独自に人口増という目標をたてることは、非現実的でしょう。やはり人口減がこれから続く、人口減少幅をどれだけ抑制するかが現実的な政策目標だと思います」

〝今後、人口が増加に転じる可能性はほとんどない〟という認識を示した久元市長は、真正面から現実の厳しさを自覚しているように思われる。

それならば、タワマン建設という〝魔法の杖〟は喉から手が出るほど魅力的に見えるのではないか。その真意に迫るため、インタビューを行った。

人口減少下での都市の〝持続可能性〟

公務の合間を縫って、約1時間のインタビューに応じた久元市長。何度も強調したのが、都市の〝持続可能性〟だ。

「マーケットのニーズとしては都心に住みたい。マーケットに委ねると都心は高層タワーマンションが林立する街になります。高層タワーマンションが林立する街は遠目には繁栄しているように見えるけれども、持続可能性の面で大きな問題がある」

日本のほとんどの自治体が避けられない人口減少。それを前提として考えたとき、〝タワマン〟は都市の持続可能性を奪いかねないという。熟慮の結果、神戸市は中心市街地にタワマンを林立させることに否定的態度をとるという判断を下した。その背景には、神戸市ならではの経験があった。

〝あの日〟の教訓

まず、市が懸念しているのが、中心市街地への人口集中による防災上のリスクだ。１９９５年の阪神・淡路大震災。道路や水道などのインフラも大きな打撃を受け、自治体は被災者の対応に追われた。

久元市長は震災の経験をふまえて、次のように語った。

「極めて狭いエリアに大量の高層タワーマンションの居住者が出てくることは、災害時にも懸念があります。神戸は29年前に震災の経験をしました。水道は90日くらい供給停止。下水は１００日以上停止しました。その時は高層タワーマンションはまだ少なかったけれども、もしもこの都心の極めて狭いエリアに高層タワーマンションが林立することになれば、長期間大量の被災者が、エレベーターが止まったマンションの中で暮らしていけるでしょうか。そういう災害対応の懸念があります」

「行政のリソースには限界があります。高層タワーマンションの中に被災者が多数取り残され、そこをケアしなければいけないことになれば、全体の災害応急対策のオペレーションが影響を受けるでしょう。全体最適を考えた時に、人口が都心に集中することは問題があります」

「そう考えれば、神戸市として三宮駅に近接するところは、そもそも居住目的の建築物はできないようにする。その周辺の商業エリアは、容積率のボーナスをなくして、高層タワーマンションを建てにくくなるようにしました。今、建設中のタワーマンションがありますが、これは私が市長になった時にすでに計画が決まっていたものです。これが最後で、今のルールが維持される限りにおいて、神戸で高層タワーマンションが建設される可能性は極めて低いのではないかと思っています」

人口をめぐる都市の紆余曲折

もう一つ、市が懸念しているのが、「郊外」の人口減少である。

それを理解するために、ここで神戸の人口をめぐる紆余曲折の歴史を少しばかり概観しておきたい。

１８６８年（慶応3年）の開港当時、神戸は人口わずか2万人余りの小さな港町だった。人々は港を通して世界に窓を開き、実に多様な文化の吸収に努めた。西洋と東洋が交差し、瀟洒（しょうしゃ）な建造物が立ち並んだ。独自の民衆文化が花開く国際都市。１９３９年、人口は１００万人を突破した。

しかし、そのエキゾチックで美しい都市は、戦争によって容赦なく破壊された。造船、鉄鋼などの基幹産業が集中する神戸は、米国軍の重要な戦略爆撃目標の一つとされていた

図　神戸市の人口動態

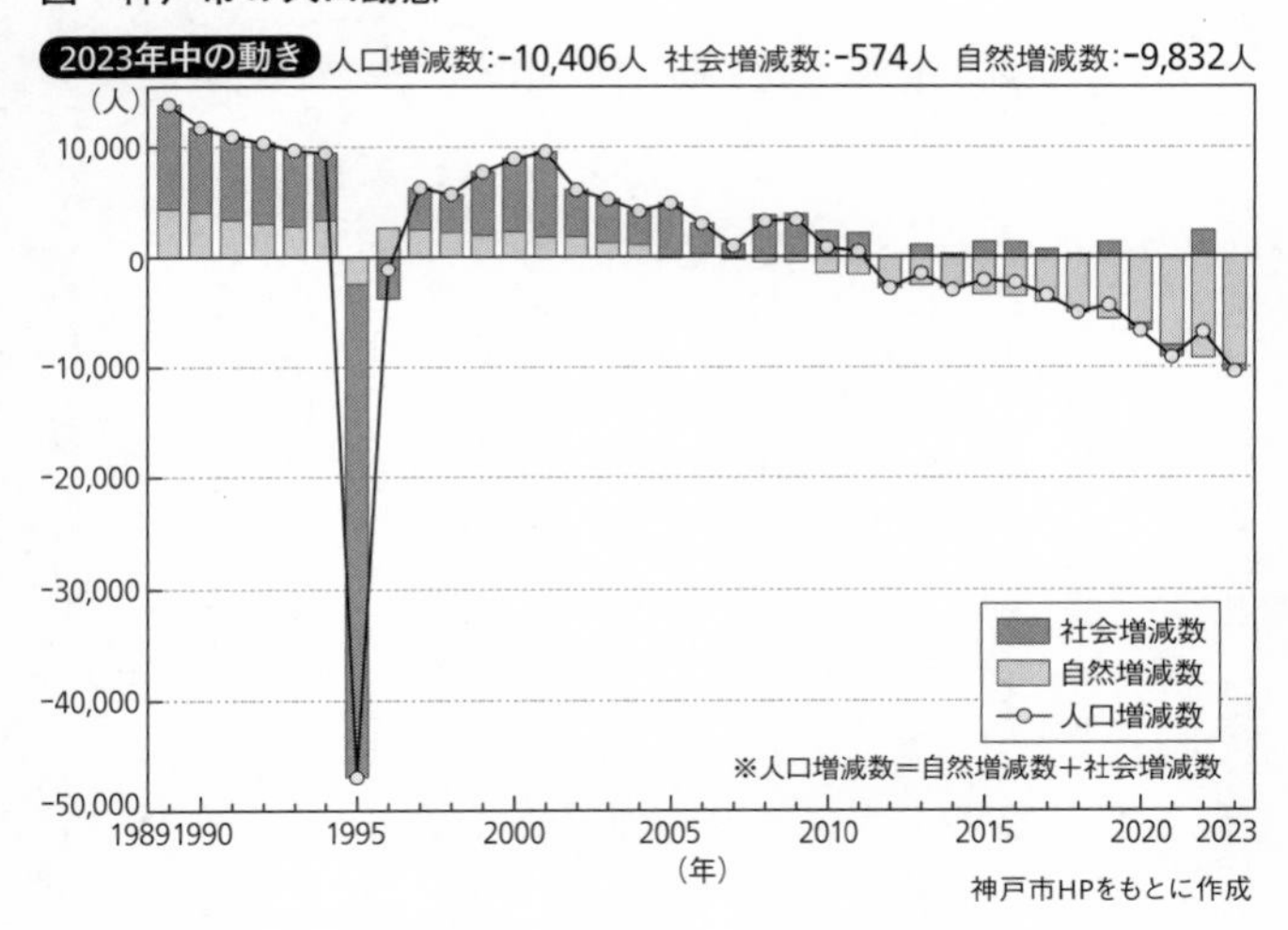

神戸市HPをもとに作成

ためだ。１９４５年6月5日までの大空襲で、神戸市の市街地面積の６割が破壊され焦土化した。

敗戦直後の神戸をカラー映像で撮影した従軍カメラマンは、「まるで砂漠のようだ」と語った。人々の生活は崩壊し、都市機能は停止した。１９４５年、人口は約38万人まで減少した。それでも多様な人々の力で復興は急速に進んだ。

敗戦から11年後、１９５６年には再び人口が１００万人超に回復。神戸の街は驚くべきスピードで復活した。

ところが、高度経済成長期、新たな課題に直面する。都市部への人口集中だ。六甲の山並みと海岸線にはさまれた狭いベルト地帯に、ぎっしりとビルや家々が集中。神戸は全国で1、2を争う過密地帯となった。

当時、六甲山系を挟んで「1対9」という数字がよく例に出された。神戸市の全区域のうち、海に面した市街地は約10％にすぎないが、逆に全人口の90％がこの狭い区域にひしめき合っていた。1970年、人口は128万人を超えた。

こうした中、市は大胆な施策を講じる。「山、海へ行く」と呼ばれる巨大土木事業である。山地を切り開き宅地を造成し、いわゆる〝ニュータウン〟を開発した。

NHKのアーカイブには、高度経済成長期の神戸の映像が残されている。当時、六甲山の山腹のあちこちで宅地造成が行われていた。山肌を発破(はっぱ)する映像は、高度経済成長期を生きていない私たちの世代には衝撃的だ。

山は、日一日と削り取られ、低くなっていきます。この後には、4600戸の住宅団地ができる予定です。山を海に移す。まさに現代の国引きです。

（新日本紀行「丘に上がった神戸～兵庫県神戸市～」1969年）

削られた山の土は、海へ運ばれ、港湾開発に利用された。コンテナ埠頭、流通施設などが整備され、神戸港は貿易の拠点として発展した。そして、ニュータウンは爆発する人口の受け皿となった。

震災で人口が減少したが、再び人々は復興を進めた。2010年、人口は154万5000人のピークに達した。

都市の変化の代償

歴史の荒波の中でたびたび危機に直面するも、神戸の街は、生き延びるための変化を続けてきた。しかし、高度経済成長期の都市の変化には代償がつきまとった。

当時、宅地造成をめぐる詐欺事件が発生し、ずさんな工事が人命を危険にさらした。大規模な土砂崩れも発生し、多くの命が奪われた。光が濃いほど闇も深い。〝港湾〟〝土建〟の利権に食い込む反社会勢力が〝高度成長〟したのもこの時だった。

そして、変化の代償は、未来にまで深刻な影を落とす可能性が出ている。ニュータウンの高齢化だ。かつて新しかった街は、〝オールド・ニュータウン〟と呼ばれるようになった。〝郊外〟が人口減少するということ、それはとりもなおさず、都市部への人口集中が続けば郊外の衰退に拍車がかかり、やがては都市機能を維持できなくなるという、これまで誰も解決したことがない難題である。

市全体を〝面〟で捉えた再開発

そこで市が取り組んでいるのが、市内を〝面〟で捉えた再開発だ。三宮は国際都市神戸の象徴として、商業施設やオフィスを新たに整備。現在、駅前では複数の大規模プロジェクトが進行中だ。そして、人口減少の危機に直面している郊外の駅周辺は、多様な世代が生活できる場としてリノベーションする計画となっている。

点ではなく、〝面〟の再開発を行う前提となったのが、市内全体に広がる鉄道網である。これまで人々の生活に根付いてきた、この既存インフラを軸として地域全体を捉え直し、都市としてのバランスを維持していこうとしている。

久元市長は、「街全体のビジョンをつくる役割は、自治体の使命」として、次のように語った。

「人口減少時代のまちづくりは、新たなインフラ投資が必要な面もありますが、既に行われてきた投資、既に存在しているインフラ、これをいかに活用するかが非常に大事です。特に大都市において、神戸も開港以来150年余り、戦前からさまざまな投資が行われ、蓄積され、相当なインフラ資産を有しています。これをいかにうまく活用するのか、それらを適切にメンテナンスしてできるだけ長く賢く使っていきたい」

「バランスの取れたまちづくりをしていく。その際は神戸が戦前からつくり続けてきた鉄

図　面で捉えた神戸の再開発

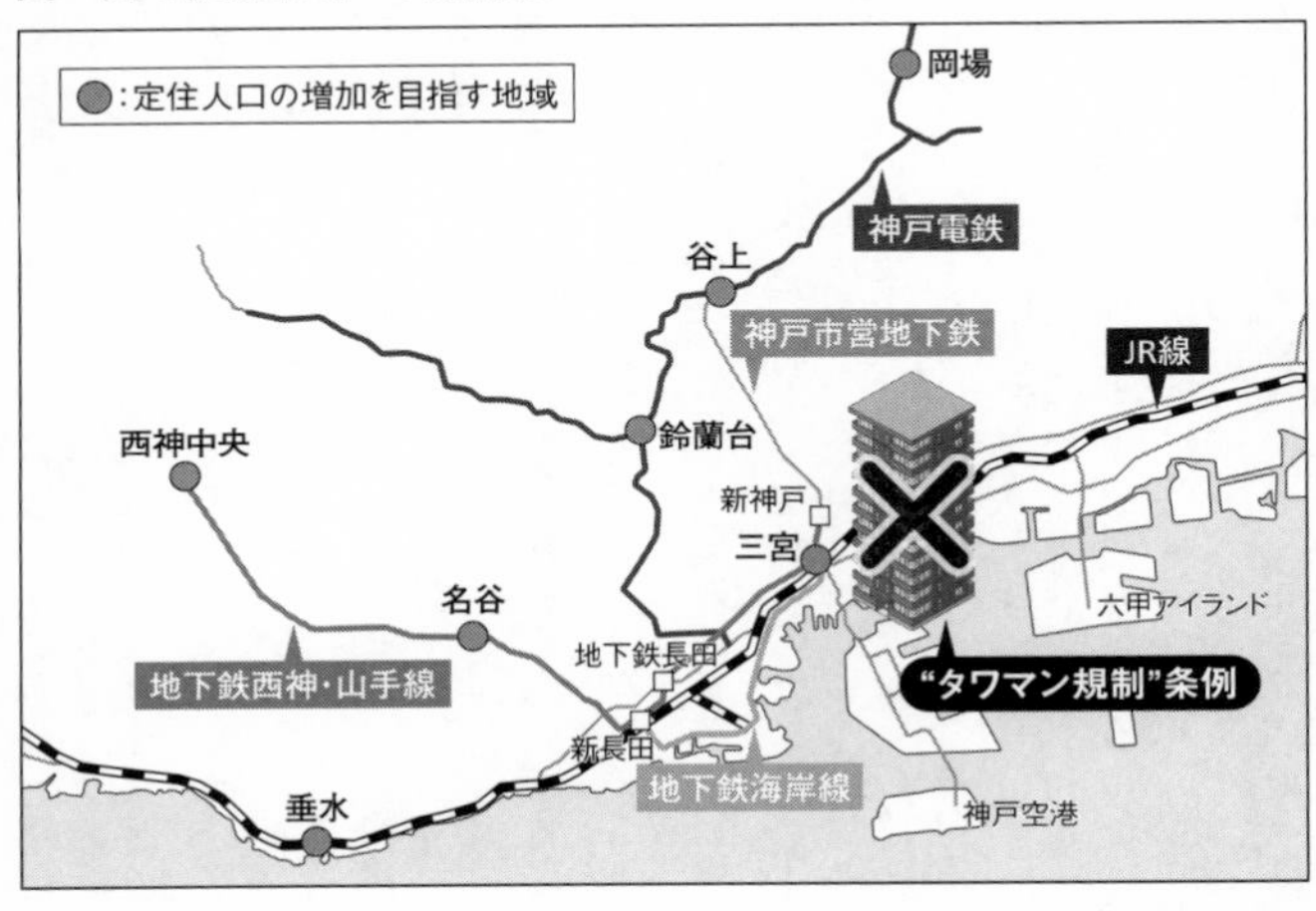

神戸市資料をもとに作成

道インフラを賢く使うことです。鉄道網が発達していますから、郊外の主要な駅をいくつか選定をして、ここを思い切ってリノベーションしていく」

子育て世代の魅力度を高める"リノベーション"

リノベーションが進められている駅の一つ、三宮駅から電車で20分ほどの名谷駅。5年前から老朽化した駅ビルや公共施設などのリニューアルを始め、民間企業と連携し、駅周辺の施設を段階的に更新している。

取材したのは12月末。寒波が襲い、街には雪がちらついていた。それでも広場に若い学生たちが集っている。カメラの存在に気づくと楽しそうに笑顔を見せてくれた。この広場に敷かれた人工芝は、リノベーションの取り組みで新しくされたものだ。取り組みに派手さはないものの、住民たちが過ごしやすくする細やかな気遣いがある。広場では、夏祭りが行われるなど地域のイベント拠点として活用されている。

駅ビルには、市の計画に応じ子育てや介護を担いながら働きやすい企業が入った。大学生の子どもを育てながら働く女性に話を聞いた。

「電車に乗っている時間は10分ぐらいですね」

「通勤時間が短いのはとてもありがたいことで、朝もご飯やお弁当をつくったりというのは続いているので、時間を短縮できるのは非常にありがたい」

「帰りもとても短時間で帰れるのでスーパーに寄って買い物をしたり、自分の時間にも余裕ができている」

このリノベーションの取り組みで、神戸市が目指していることの一つが、職場と住まいを近づける〝職住近接〟の実現だという。

久元市長は、リノベーションをすることで、〝職住近接〟の街にしていく構想を語った。

「神戸の電車・地下鉄は、今もそういう傾向がありますが、ベッドタウンと都心を結ぶ役割を果たしています。朝早く起きて、地下鉄に乗って西神中央から三宮に来る。三宮から乗り換えて大阪に行く。

そういう役割を果たしてきましたが、人口減少時代に長時間をかけて通勤して都心に通うライフスタイルは適切ではないと思います。もっと住んでいるところの近く、隣駅に、あるいは隣の隣の駅に働く場所があってそこに通う。そういう〝職住近接〟の取り組みを、併せてしていきます。駅前を快適にする。そして商業施設も充実させる。そこで働く場所もつくっていく。これが人口減少時代におけるまちづくりです」

駅前にある百貨店の中には、市立図書館を設置した。内部は、木目調の温かい雰囲気で設(しつら)えられている。

私たちが取材したのは平日だったが、多くの利用客が読書を楽しんだり、自習に励んだりしていた。

中でも、親子連れが続々訪れていたのが〝おはなしの部屋〟だ。空間が仕切られており、靴を脱いで入れるように設計されている。子どもが声を上げたり、騒いだりしても、親は「周囲に迷惑がかかる」と気を揉まずに済む。穏やかな心で子どもに読み聞かせができるのだ。子育て中の母親からは評価と期待の声が聞かれた。

「今まで離れたところに図書館があったので。買い物とか他のものを見られたり、子育ては移動にも時間がかかってしまうので本当に助かっている。（今日は）母の買い物に付き合って、帰りについでに図書館に行こうと」

「前のニュータウンは、おじいさんおばあさんしか住んでいない印象だった。子育て世代も喜ぶようにリノベしているのはいいなと。（子育て世代が増えれば）施設もそういうところにできていくし、買い物とかそういう選択肢ができるのかなと。これからどんどん良くなると信じている」

鉄道市営化で郊外の利便性を高める

さらに市は、４年前には郊外にのびる民間の鉄道を約２００億円で買い取り、市営化した。

運賃は最大で半額にした。郊外を暮らしやすくし、人口減少に向き合おうという本気度が伝わってくる。

鉄道買い取りを決めた経緯を、市長は次のように語る。

「北神急行電鉄という路線が、新幹線の新神戸駅からほとんどトンネルで山の向こうの谷上（たにがみ）駅まで出て、市営地下鉄と相互乗り入れをしていましたが、片方は民間鉄道会社で、片方は市営地下鉄ですから、初乗り料金が発生したわけです。

そこで思い切って神戸市営地下鉄が北神急行電鉄を買収しました。初乗り料金がなくなり、終点の谷上駅と三宮駅との料金が550円から280円へと半額になりました。これも、既にある鉄道インフラを賢く使うことの一例です。そうすると、谷上から三宮は、だいたい11分ぐらいなので、郊外の谷上から神戸電鉄という私鉄で連結され、そういう郊外エリアのポテンシャルも高まります。

コロナの影響はありましたが、この市営化と料金引き下げにより、乗客数はコロナ前より40%ぐらい増加しています。こういう形で郊外のポテンシャルを生かす。そしてここのエリアは近くに里山や茅葺民家もあります。農村舞台もあります。こういう豊かな自然と文化が一体となったエリアが、私たちのライフスタイルの中で選考される可能性がこれから出てくるのではないかと思っています。

そういう長い目で見た移住・定住のニーズを適切な投資を行うことによって、そして既存のインフラを賢く使うことによって、新たな人口増に結びつけていこう。目先の人口増ではなく、より息の長い取り組みをこの人口減少時代にふさわしい形で展開していこうというのが神戸市の考え方です」

次の世代のために　私たちに求められる再開発とは

人間の寿命は、都市の寿命よりはるかに短い。再開発によってでき上がった都市には、私たちが死んだあとも、次の世代が住み続けていく。百年先まで見通したとき、私たちはどんな再開発を目指すべきなのか。久元市長は、自らがいない神戸の街の姿を思い描いていた。

「そのころにはもちろん市長ではないだろうし、この世にはいないかもしれないけれども、私はあの世から荒廃した神戸の街を見たくはありません。やはり長い目で見て繁栄し続ける大都市であるためには、目先の人口増加ということを追い求めるべきではありません。

人口の減少幅をできるだけ抑制をしていく。他の地域からも神戸に来て住んでいただきたいとは思います。しかし、それは短期的な目標ではなくて長い目で見て神戸を選んでいただけるような、そんな政策をとっていく。そのためには、クオリティーの高いライフスタイルが実現できる街のありようが求められると思います」

神戸市の取り組みは、都市経営の一つの選択であり、現時点で成功とも失敗とも評価できない。しかし、人口減少の時代を生きる私たちが再開発に向き合う際のいくつかの重要な示唆を含んでいると思われる。

一つは、私たちはもはや目先の経済性を優先した場当たり的な再開発の傍観者ではいられず、まちづくりに新たな思想を持たなければならない時期に来ているということ。もう一つは、〝自分だけが勝てばいい〟という無益な競争から離れ、人口減少を認めた上で、都市の〝持続可能性〟、すなわち〝未来の世代〟のためにどのような街を引き継ぐべきかを、まちづくりの最優先のテーマに据える、ということではないか。

これからの世界では、〝未来の世代〟のための政策決定を行うことは、常識になっていくだろう。2024年9月には、国連が人類共通の課題に対処するため、「未来サミット」を開催する。公表された要旨では、「グローバル・レベルでの意思決定が、将来世代に対する予見可能な害を意識的に回避し、将来世代の利益を保護する。現在の世代も、この長期的な思考から恩恵を受ける」と述べられている。

こうした普遍的価値をまちづくりの分野でも共有し、日本の各地で積極的な取り組みが広がっていくことを願っている。

終章 まちづくりのあるべき姿とは

〔特別寄稿〕野澤千絵（明治大学政治経済学部　教授）

本書では、全国各地の再開発によるまちづくりの現状や問題が紹介されてきたわけだが、こうした実態をふまえ、これからのまちづくりのあるべき姿としては、次の5点が特に重要であると考えている。

1. 都市圏ごとに容積率等の規制緩和による「ゴール」を設定
2. 計画段階からの実効性ある市民参加プロセスの導入
3. 過密化による街への影響の厳密な評価と予防策の実行
4. 「減築利用」「修復型」に対する新たな事業手法・支援策の実現
5. 地域の実情・個性に即した「公共性」を評価する仕組みづくり

そこで以下では、これら5点について具体的に述べていきたい。

都市機能の更新時期による再開発ラッシュ

こうしている現在も、日本のどこかで市街地の再開発が着々と行われている。いわば、再開発ラッシュの時代となった。

では、なぜ今、こんなに再開発が相次いでいるのだろうか？

それは、戦後から高度経済成長期にかけて整備された駅や駅前広場、バスターミナルなどが、50年以上経って老朽化していたり、時代にそぐわなくなるなど、ちょうど更新しなくてはいけない時期に入っているからである。また、駅前などの土地が細分化していたり、建物が老朽化し、都市にとって拠点となるべきエリアにもかかわらず、防災上の問題があったり、利用効率が悪い状態になっていることもある。

そこで、市街地再開発事業という手法が全国各地で使われるようになった。

これは、区域内の建物を除却し、新たなビルの建設にあわせて、不足していた道路・公園・広場などを整備し、土地の合理的かつ健全な高度利用と都市機能の更新を図ろうとする事業である。そのため、「公共性」が高い事業とされている。

都市再開発法に基づく法定の市街地再開発事業には2種類あり、権利変換方式で進める第1種と、公共性・緊急性が著しく高い区域を対象にした用地買収方式の第2種がある。近年、行われている市街地再開発事業の大半が第1種であり、その多くが地権者等による市街地再開発組合や再開発会社が主体の事業となっている。

第1種市街地再開発事業（以下、再開発事業）では、もとからの建物・土地所有者等は、保有していた土地・建物の評価に見合う再開発ビルの床（権利床（けんりしょう）という）に等価で置き換わる。事業に参加しない建物・土地所有者等は、保有していた土地建物の評価分を金銭で受け取り転出することとなる。
そして、区域内の土地をまとめて、その土地を高度利用することで新たに生み出される床（保留床という）を売却した保留床処分金で事業費を賄うという仕組みとなっている。事業によって異なるが、保留床処分金とともに、自治体から再開発で生み出される公共施設の整備費や国・都道府県・市町村からの補助金が入っているケースもある。

再開発事業が多用される理由は、個々の建物の建て替えの場合にはないような税制・金融等の支援策が得られること、そして、事業推進のための強制力が付与されていることが挙げられる。要するに事業主体にとって使いやすい事業手法なのだ。

例えば、分譲マンションが建て替え決議をする場合、区分所有法で区分所有者の5分の4以上の賛成（今後の法改正で4分の3などに引き下げられる可能性あり）が必要とされているが、市街地再開発事業の場合、都市再開発法で市街地再開発組合の設立は、区域内の地権者5名以上で、区域内の宅地所有者及び借地権者のそれぞれ3分の2以上（面積及び人数）の同意でよいとされている。つまり、3分の1弱の反対があっても事業を推進できる法的な強制力が付与されているのである。

このような強制力や各種支援策が可能となっているのは、再開発事業が「公共性」を有するものとされているからである。そして、「公共性」があるということで、自治体によっては、再開発事業に対して多額の補助金を出しているところもある。なお、この「公共性」は、都市計画決定手続きや自治体による事業計画認可手続きなどにより担保されると説明されることが多い。

こうした再開発事業の根拠となるのは都市計画法や都市再開発法である。しかし、これらはおよそ半世紀前の高度経済成長期、急ピッチで都市環境を整備する必要性に迫られていた時代に制定されたものである。それを今でも基本的な枠組みを変えることなく活用している。

ゴールなき規制緩和の罪

昨今の再開発ラッシュには、もう一つの要因がある。それは、「都市再生」をキーワードにした規制緩和政策である。

1980年代の中曽根康弘政権以降、公民のパートナーシップ型の開発を進め、都市開発において民間の投資を呼び込むための規制緩和政策が繰り返されてきた。

特筆すべきは、2000年代の小泉純一郎政権下での政策である。

小泉政権は、大量の不良債権を抱えたバブル崩壊後の経済対策として、「都市再生」をキーワードに、不動産の流動化や民間主導による市街地の再開発を推進しようと、200

2年に「都市再生特別措置法」を制定した。

都市再生特別措置法には、国が指定した都市再生緊急整備地域で都市再生事業を行う者が、事業のために必要な都市計画の決定や変更（容積率の割り増し等）を提案できるという大幅な規制緩和を可能とする制度が盛り込まれた。さらに、自治体により「都市再生特別地区」に指定されると、現行の用途地域や容積率などの規制がすべて適用除外となり、民間事業者にとって非常に自由度が高い開発計画を進めることができる、いわば都市計画の特区とも言える制度も創設された。都市再生緊急整備地域は、2023年5年9月1日時点で、全国で52地域、約9539ヘクタールに指定されている。

東京都を例に挙げると、小泉政権の規制緩和と並行するように、石原慎太郎知事時代の2001年に「東京都の都市づくりビジョン」を策定（2009年に改定）し、都心部を中心にセンター・コア・エリアなどのゾーンを定め、「都心居住の推進」と「市街地の再開発の推進」を打ち出した。そして、東京都として容積率割り増しを行える対象や要件を定めることで、容積率を割り増しする代わりに、民間開発の「公共貢献」によって都が掲げる政策への誘導を図ろうという仕組みが構築された。

この公共貢献として認めるものには、例えば、地域に不足する道路・歩道・広場・緑地等、保育園などの子育て支援施設、高齢者施設、帰宅困難者のための一時避難スペース、地下鉄出入口の設置などとされている。そして、この公共貢献として認める対象の中に、「住宅供給」が含まれているのだ。民間事業者側もタワーマンション建設＝都心居住のための「住宅供給」＝公共貢献ということで、容積率の割り増しが得られるという構図となっている。

なお、こうした公共貢献と引き換えにどの程度、容積率が割り増しされるのかについては、開発事業案件ごとに、東京都と開発事業者の間で非公開の開発協議がなされている。ところがその結果、個々の開発案件の容積率割り増しによる住宅の戸数やそれが地区・都市全体の中で妥当なのかどうかについて評価されているわけではない。そのための法制度上の枠組みや要件もない。その結果、開発需要が高いエリアを中心に、あちらこちらで開発案件が旺盛にたちあがり、その地区・都市全体で供給される住宅数はますます積みあがり、一極集中や過密化の助長を止められないのである。

いわば「ゴールなき規制緩和」、「ゴールなき住宅建設」が続いているわけである。

長期的な都市政策としては、全国各地で大都市ですら人口減少が深刻化していく中で、開発需要のあるところだけの一極集中がさらに助長される形ではなく、また市街地をこれ以上むやみに広げることなく、国土全体のバランスをどう確保していくのかが極めて重要になる。

つまり、個々の再開発事業という部分最適な「点」の視点ではなく、都市圏という「面」の視点から、都市機能や居住・産業機能のバランスを確保するために容積率等の規制緩和による「ゴール」を設定し、実効性のある形で個々の自治体が都市政策を講じるという枠組みづくりも必要不可欠となっている。

再開発でタワーマンション建設が多い理由

特に近年では、全国各地でタワーマンション建設が主目的ともいえるような再開発プロジェクトが多く見られるようになった。

国立社会保障・人口問題研究所の推計（2023年推計）で、2040年以降には全都道府県で総人口が減少すると予測される中で、市町村からしてみれば、人口減少が進むことへの強い危機感がある。

そのため市町村は、宿命でもあるが、自分たちの街だけは、とにかく人口や固定資産税などの税収を増やしたいと考える。そのためには、民間の資金やノウハウを活用し、タワーマンション建設で一気に多くの人口を取り込むことができる再開発事業という手法を利用することにはメリットが大きい。結果、容積率をはじめとする規制緩和や補助金の投入に積極的になっているところも多い。

特に、再開発事業では、保留床が売却できないと収支が成立しないという仕組みであるため、保留床の売却可能性が極めて重要なファクターとなる。コロナ禍を経て、商業やオフィスの床需要は減少している。となれば、保留床を分譲マンションにする方が再開発事業としてのリスクが低い。

デベロッパーにしてみれば、分譲マンションであれば短期で資金を回収できるうえ、一度売ったら、あとは管理組合が維持管理することになるため、いわば、「売りっぱなし」でよく、事業リスクが低い。都心や駅の近くといった立地のタワーマンションとなれば、職住近接などのニーズに加え、ホテルライクな生活や利便性の高さ、加えて資産価値が上がりそうという期待感から、確実に購入層が見込める。売却しやすい住宅の床面積を増加させれば、その分だけ利益が出ることになる。このように、デベロッパー側も、収益性が見込めるタワーマンションをつくることができる再開発事業を推進することに大きなメリットがあるのだ。

しかし、昨今の再開発ラッシュで生み出される空間は、低層部に多少の商業施設（多くはチェーン店舗）や公共施設が入り、それ以外の床はほとんどがタワーマンションであるような、金太郎アメ化した開発が増えてしまっている。

本来の都市再生の主旨から見ると、民間側からの提案制度というのは、民間の資金や創意工夫によって自治体だけではできないような都市再生を期待するものであった。しかし、民間側は、営利企業であるので当然だが、どうしても創意工夫よりも事業の推進とリスクの低減、収益の最大化が主眼となりがちである。その中で、自治体側が設定している容積率割り増しのための公共貢献メニューの中からなるべく事業に有利になるよう選択しながら方程式を解こうとする。その結果、どこも同じような構成、空間になってしまっていると捉えることもできる。

とくに東京都心などでは、自ら住む目的で購入する実需層に加えて、富裕層や外国人などによる投資目的の買い手が増加している。都心であれば不動産投資として手堅く、転売でさらなる利益を見込めるためだ。

海外の投資家からすれば、ここ最近の記録的な円安で、海外の都市よりも安く購入でき、価格も下がりにくい傾向にある日本の不動産は魅力的に映る。これが、NHKのクローズアップ現代でも取り上げられた、「バーゲン・ジャパン　世界に買われる〝安い日本〟(1)不動産」（2022年7月26日放送）と呼ばれる傾向である。

現在の再開発ラッシュは、こうしたさまざまな要因から生み出されているのだ。

市民の声が通りづらい再開発のプロセス

では、実際にどのようなプロセスで、再開発が進んでいくのか。

例えば、東京都心部で再開発事業を推進するとしよう。

基本的には都市再開発法に基づいたプロセスを経るわけだが、発意は、東京都心の場合、自治体ではなく、デベロッパーと地権者であるケースが多い。まずは地権者らがデベロッパーなどを交えて勉強会・協議会を重ね、準備組合を設立する。

そして、準備組合等から自治体（東京都／規模が小さな場合は特別区）に、再開発事業の開発計画案が提案され、自治体との間で開発協議（非公開）が行われる。事業主体側から提案された開発計画の中で、道路や広場、地下鉄出入口、子育て支援施設などの整備内容の公共貢献（自治体によって異なる）に応じて、どの程度、容積率などの緩和をするかといった事項を決めていく。

おおむね協議が整った段階で、都市計画審議会にかけられ、都市計画として決定される。その後、市街地再開発組合の設立・許可や事業計画の決定・認可が行われ、工事着工という流れとなる。

こうした一連の流れの中で、市民の声を聞く場は、都市計画決定に際し、自治体が必要に応じて開催する公聴会の場と意見書の提出という機会である。そして、都市計画審議会では、提出された意見書を付して審議される。

ただし、都市計画決定の前に市民の意見を聞くために提示される案や都市計画審議会で審議される案は、すでに民間事業者と自治体との開発協議が完了している段階のものなのだ。たとえ多くの反対意見書が届いていても、また、都市計画審議会で専門家から何らかの意見が出たとしても、筆者の知る限り、ほとんど計画案に反映されることはない。都市計画の専門家の中でも、都市計画審議会自体が形骸化していると問題視する声は根強い。

もちろん、準備組合・事業者等によって任意の説明会が行われることもあるが、説明会に参加できる住民等の範囲を限定しているケースもあり、広くさまざまな意見を聞こうとする場にはなっていないことが多い。

このように、現行の再開発事業における法的な仕組みだけでは、「市民がないがしろにされているのではないか」と言われても仕方がない状況となっている。そのため、計画段階から実効性のある市民参加プロセスを導入することが強く求められている。

タワマンの落とし穴

こうした再開発事業で生み出されることが多いタワーマンションだが、そもそもタワーマンション自体にさまざまな問題点がある。まず、近年多発する想定外の災害への対応だ。

多くのタワーマンションでは非常用電源や備蓄が装備されている。とはいえ、地震・水害などで想定以上の長期にわたって大規模に停電・断水した場合、エレベーターも使えないため、上層階に水を運ぶことが難しくなる。そのため、各住戸で暮らし続けることができなくなる人が続出することも考えられる。その結果、地域の避難所のキャパシティが圧倒的に不足し、行き場のない住民が大量に出現する事態も懸念される。

さらには、分譲マンションの維持管理に関する問題がある。

分譲のタワーマンションには、多種多様な年齢層・国籍・生活状況の区分所有者が一つの建物に大量に入居している。維持管理はそうした人々の合意形成に基づいて行われるわけだが、今はまだ問題が何も生じていなくても、30年、50年と時間が経ち、設備が老朽化していく中で、大規模修繕などの対応は人的要因に大きく影響されることになる。

オフィスや商業スペースの場合は、ビルの所有者が一元的にビル全体の維持管理に関する意思決定を行い、実行にうつすことができる。しかし、分譲マンションでは、管理組合が機能しない状態に陥ったり、区分所有者同士の合意形成が図れなくなった場合、管理不全から管理不能となり、将来、不良ストック化してしまうリスクがある。

また、所有者にとって意外な落とし穴になるのが、公共貢献としてつくられた空間の管理費負担である。

例えばタワーマンションから駅につながる歩道や広場などは、容積率の割り増しをもらうための公共貢献としてデベロッパーが整備している場合も多い。当然、その歩道や広場は公共貢献のためにつくられたものなので、そのマンションの私有地内であっても、居住者以外の人たちも通行可能な空間となる。多くの歩行者が使うために、一般的なマンションに比べて歩道や広場のタイルや設備が頻繁に破損する事態が生じても、区分所有者からの管理費で修繕しなくてはならない。実際に、こうした公共貢献としてつくられた部分の管理費負担の問題に直面しているタワーマンションも見られるようになっている。

公共貢献としてつくられた空間のおかげで容積率が割り増しされ、それで収益を得ているのは開発者側である。にもかかわらず、その後の維持管理はすべて購入した区分所有者になってしまうのは、受益と負担の関係としてあまりにもつりあいがとれていない。開発する時だけでなく、開発した「後」のことも視野に入れ、公共貢献でつくられた空間の長期的な維持管理負担のあり方について検討することが必要になっている。

過度の人口流入によるインフラのキャパオーバー

さらには、周辺インフラへの負荷という問題もある。

再開発事業を行うことで、その周辺にも波及してマンション建設が相次いでいくことも多い。その結果、再開発地域周辺でさらに人口が増加する事態を生み出すことになる。とくにタワーマンションの場合、一斉に大量の人が入居することになるため、一気に人口が過密化する。

こうした中で、その街のもともとの生活インフラのキャパシティが貧弱なままだと、日々の暮らしやすさに影響が出ることになる。例えば、駅などの施設改良工事が行われても、既存の限られたスペースの中で後追いで無理に改良するため、必ずしも過密な状況に対応できるわけではない。

さらに問題となるのが、学校や病院といった生活インフラへの影響だ。再開発計画において、道路交通や上下水道などのインフラに関しては検討が行われても、生活インフラのキャパシティについて十分な検討がなされていないケースも多い。

その一例が番組でも取り上げられた、さいたま市の事例だ。

さいたま市の場合、人口が年1万人のペースで増えている。子育て世代も流入する中で、保育所の不足や、小学校のキャパシティオーバー、病院の不足といった問題に直面している。

一般的に、大規模な駅前再開発を行う場合には、数年も前から、まずは自治体が地区全体のまちづくり方針やまちづくり計画を策定する。

ただし、再開発事業は「発意→計画→工事」にいたるまで、非常に長い期間がかかるため、計画当初と竣工後の社会状況・経済状況が大きく変わっていることも多い。そのため、小中学校や学童・保育園といった子育て支援施設、歩道や駅空間の混雑度への負荷、病院など生活インフラ不足などに関して正確な将来予測は難しいのも事実だ。とはいえ、どう見ても検討が甘いのではと思えるケースも多い。また、たとえ厳しい予測が見えていても、それで開発を止めたり見直したりするような自治体は、筆者の知る限り、ほとんど見当たらない。

開発で予測される影響への対応策を、幅広くさまざまな部署と密接に連携・尽力しているケースがあるとは言えないのが現状である。このように、長期的な視点があまり検討されないまま、再開発によってタワーマンションはつくり続けられてきた。しかし今後は、再開発を「実現」させることだけに注力するのではなく、過密化による街への影響を厳密に評価し、その予防策を早い段階から実行することが自治体に求められている。

補助金の再投入時にも公共性の判断を

長期的な視点の重要性が示されたのが、番組でも取り上げられた福井駅前の再開発事業だろう。

計画が立ち上がった段階で、自治体が公共性のある事業として評価したのは、駅前の老朽化した店舗が集まる商店街を再開発で不燃化することだけではないはずだ。おそらくだが、車移動中心の福井のまちなかにサービス付き高齢者向け賃貸住宅が生み出されることで、車を運転できなくなった高齢者でも暮らしやすい街なか再生を進めていこうという点もあったと思われる。

ところが、円安や人手不足など経済的な影響もからんで、想定外の建設費高騰が起きた。再開発は発意から着工にいたるまで数年かかるため、計画段階で見積もった建設費から大幅に高騰してしまったのである。

先にも述べたとおり、再開発事業という手法は、地権者等が開発前に保有していた資産額と同等となる開発後の床に変換され、地権者などが持ち出しなく成立させることが基本的な仕組みとなっている。再開発によって建物を高く大きくつくることで、もともとの地権者に割り当てられる床以外の床を売却した保留床処分金とともに、事業によっては、自治体や国からの補助金と公共施設整備部分への自治体からの負担金で事業費を賄うことになる。

しかし、当初計画の工事費が上昇すると、計画自体を見直して工事費を下げたり、保留床の売却額を上げたりする必要が出てくる。福井駅前の再開発事業の場合、保留床部分を、サービス付き高齢者向け賃貸住宅にするよりも、より高い売却額が見込める分譲マンションに変更することで不足する工事費を捻出した。さらに不足した分は、追加の補助金などで補填せざるを得ない事態となった。

これは、福井だけの問題ではない。今後も建設費の高騰が続くことは確実である中で、他の都市でもこれから多発する問題である。とはいえ、再開発事業に対して自治体が追加の補助金を投入する場合には、計画変更後にもどのような公共性があるのかなど、その妥当性を丁寧に協議したり、チェックできる仕組みも必要ではないだろうか。

住宅の「数」が増えても買えないという新たな都市問題

もう一つ、近年起こった想定外の出来事として、新型コロナウイルスの蔓延がある。東京都内をはじめとした都市ではパンデミックが深刻化し、職・遊・学、そして人々の交流におけるオンライン活用が普及した。これによって、転職を伴わない移住が可能になったこともあり、地方の移住ブームは確かに見られた。

しかし、現在も大都市への人口流入は止まっていない。コロナ禍によって「都市でしかできないこと」「都市ではなくてもできること」が明確になり、とくに対面を通じたクリエイティブな議論や、世界各国や日本各地とのさまざまなネットワークに触れるには、大都市が重要であると再認識された。つまり、大都市には元に戻ろうとする「弾性力」が働いたと言える。

最大の都市である東京都では、都市再生特別措置法制定以降、20年あまりの間に、盛んに再開発でタワーマンションが生み出され、大量の住宅が供給された。

だが、住宅の「数」は相当に増えているはずなのに、庶民にとって買える・借りることのできる価格帯の住宅は一向に増えていないという問題が発生している。

背景には、これまで述べてきたような建設費の高騰だけでなく、富裕層や企業による投資・転売目的の購入、外国人や外資からの不動産投資や別荘的な購入の増加といった理由がある。こうした投資層の動きが物件価格を押し上げ、家を買って、そこに居住したい実需層に手の届く住宅が少なくなっているという問題も顕在化している。

つまり、一般庶民が入手可能な価格の住宅数をどう確保していくかが課題であると言える。

そのためには、例えば——住宅供給を公共貢献として容積率のボーナスを行う場合は、住戸の一定割合を、賃料的に無理のないレベルの賃貸住宅として若い世帯に供給することを義務づけるといった要件を盛り込むことなども検討していく必要がある。すでに欧米では、中間所得階層以下の市民にとって手が届く価格の住宅（アフォーダブル住宅という）をどう確保していくかといった点が都市政策の中に明確に位置付けられている。グローバルな不動産投資の波にさらされるようになった中で、日本でもこうした方策を考えなければいけない時期にきている。

「高度利用」ならぬ「減築利用」型の再開発へ

再開発事業という仕組みでは、事業性を成立させようと「高く大きく」、つまり高度利用によって多くの床をつくることになる。しかし、地方都市では、床需要そのものが少ないため、テナントが埋まらない、あるいはテナントが撤退して空き床のままになってしまうケースが散見される。オープンから数年経つと、地域のお荷物になり、結局、自治体が税金で負担せざるを得なくなる事態も生じている。

このような問題を生まないためにも、開発時点での事業採算性を確保するために「高く大きく」建物をつくるのではなく、その地域の実情やスケールに見合った建物規模にした上で、時代のニーズに合わせてさまざまな形で使える広場などの空間を生み出すような「減築利用」型の再開発を実現するための新たな事業手法を編み出していく必要がある。

むやみに多くの床をつくって、将来、空き床に苦しむ事態となり、自治体が空き床取得に税投入をせざるを得なくなるのであれば、むしろ、再開発事業によって、地域のさまざまな活動にも使える広場などの公共空間を生み出し、それを自治体が取得することで事業を成り立たせる方向性も十分にあり得る話である。

特に、自治体が取得する部分が、区分所有の建物内の床ではなく広場などのオープンスペースであれば、例えば、将来、本格的な自動運転時代が到来した際に、自動運転バスの乗降スペースに転用できるリザーブ用地にもなる。このような長期的に可変性のある空間を自治体が取得しておく方が、将来世代が空き床に苦しむよりも格段にいいまちづくりになるのではないだろうか。

金沢、富良野、稚内――「減築利用」の参考事例

実際に「減築利用」の参考になる事例は、金沢市の「近江町いちば館」がある武蔵ヶ辻第四地区の市街地再開発事業である。都市計画業界では「身の丈再開発」とも言われているが、高度利用にとらわれず指定された容積率よりもむしろ低いボリュームの再開発事業を実現させている。また、再開発後も市民や観光客に親しまれてきた市場の雰囲気を残した市場をつくりだし、老朽店舗が密集した街区の更新とともに、さまざまなイベントを開催できる広場等の整備も実現させている。

その他にも、北海道・富良野市のネーブルタウンの再開発が挙げられる。

市場の雰囲気を継承した再開発ビル（金沢市）

再開発事業にあたり、地元の経営者などが中心となり、2003年にふらのまちづくり株式会社という会社を立ち上げ、「ルーバン・フラノ構想」というビジョンをつくった。具体的には、観光スポットとして有名な富良野を訪れる客を取り込んだ地域経済の活性化、そして「歩いて暮らせる」利便性と機能性を兼ね備えたまちづくりを目標に掲げた。

そこで、商店街と周辺の低・未利用地などを一体的に開発し、地域を面的に連鎖させながら複数街区での再開発を行っていった。

東4条街区地区では、商業施設、サービス付き高齢者向け住宅、賃貸住宅、保育園といった3世代交流が可能な施設とともに、

稚内駅と高齢者住宅も入る再開発ビル

雨や雪の日でも地域のさまざまなイベントができる多目的交流空間「TAMARIBA」も創出され、まちなかの回遊性やにぎわいが生まれている。これらの再開発ビルの容積率は94%と、都市計画で指定されている容積率の3分の1以下のボリュームとなっている。

また、同じ北海道では稚内（わっかない）駅建て替えに伴う再開発ビル「キタカラ」も注目される。ここには、商業施設、グループホーム、サービス付き高齢者向け住宅などとともに、展示会やコンサートなどのイベントも可能なアトリウムや多世代交流ロビーが創出されているが、都市計画で指定されている容積率の半分以下のボリュームとなっている。再開発の保留床を買い取る事業者がなかなか現れなかったため、株式会社まちづくり稚内が設立母体となった特定目的会社が保留床を購入し、駅に直結した高齢者住宅がつくられた。高齢者住宅の入居者は、駅から近隣の市立病院にも通いやすい。さらには、隣接するバスターミナルから市内の温泉にも出掛けられる。地域独特の状況を活用した再開発の一例と言えるだろう。

地域固有の魅力を大切にした再開発を

昨今、さまざまな街で、地域独特の歴史や魅力と逆行した画一的な開発への疑問を呈した議論が起こっている。

これまでの再開発が持つとされる「公共性」は、高度経済成長期仕様の道路や駅広場の整備、木造密集市街地の解消などを目的としたスクラップ・アンド・ビルド、いわば、「リセット型」だった。

しかし、今、社会・世論が考える「公共性」は、時代の変化に対応した都市機能の更新とともに、地域の歴史・個性も大切にした都市のリニューアルである。

つまり、時代とともに再開発の捉え方が、社会・世論と行政・事業者との間で、隔たりが生じていると言える。再開発が持つ公共性が、今一度問われ始めていることを真摯に受けとめなければいけない。

ひたすら「高く大きく」してしまう再開発事業ではなく、耐震性も上げながら既存の建物をうまくリノベーションして、地域の個性を生み出す場合にもメリットがあるような修復型の新たな事業手法や補助制度を創出することが求められている。

こうした状況をふまえると、これまでの再開発事業そのものの要件の中に、その街が持つ独特の歴史・魅力・コミュニティの継承——つまり、独自の魅力を引き出すまちづくりに関わる要件も盛り込む必要があるのではないだろうか。そのためには、地域の実情・個性に即した「公共性」を評価するための仕組みづくりとともに、民間事業者や自治体だけの視点で協議するのではなく、計画案をつくる早い段階から、多様な市民の声を聞く場や意見を反映させることができるプロセスそのものも見直していくことが重要である。

「再開発によるまちづくり」のあり方そのものを考えるべき時期

これまでの都市計画では、再開発＝善として、再開発はひとくくりに取り扱われてきた。

時代の変化にあわせて、駅前広場やバスターミナルを集約して整備しようとする時にどうしても地権者等に協力してもらわないといけない場合の再開発であっても、数人の地権者等による分譲のタワーマンション建設主体の再開発であっても、一律に「市街地再開発事業」とされ、公共性があるということで法的な強制力が付与され、容積率の割り増し、補助金、税制上の優遇措置などのさまざまな支援策が講じられてきた。

しかし、前述のとおり、２０００年以降の都市計画の規制緩和政策も20年以上が経過する中で、さまざまな問題が顕在化しているのも事実である。当時の都市再生に対するニーズや求められる公共貢献の内容も明らかに変化している。そして、再開発事業にかかわる市民参加プロセスや市民意見の反映、再開発事業に向けた開発協議や都市計画決定のプロセスに対しても、市民・専門家から異論が噴出するようになっている。

こうしたさまざまな声が社会の中で出てきたことを好機として、今こそ、「再開発によるまちづくり」のあり方そのものを立ち止まって考えるべき時期にきているのではないだろうか。

今、つくる建物はこれから１００年以上、その場所に建ち続ける可能性が高い。つまり、現時点で投票権を持たない将来世代の街の形を決めているようなものである。自分たちの代だけでなく、次の世代のためにも、責任をもってバトンタッチできる心豊かな街にしていくには、市民一人ひとりが街への無関心をやめることこそが実は最も大事なのである。

自分たちの街にどのような動きがあるのか、自治体や首長がどのような都市計画を行おうとしているのかなど、常に目を配り、手遅れにならぬよう、問題があるのならあきらめずに声をあげていくことが私たちに求められている。

おわりに　〝再開発〟が問いかけるもの

日本初の〝高層ビル再開発〟から半世紀

高層ビルが林立する東京。その心臓部とも言える霞が関に日本初の高層ビルが建っている。1968年に竣工した霞が関ビルディング。地上36階で、高さは147メートル。今は、周辺の高層ビルに紛れてしまってはいるが、当時は圧倒的に高い建築物だった。

霞が関ビルディングの建設までの物語は、2024年、装いを新たにして放送が再開されたNHKの「プロジェクトX」でも、かつて取り上げている（2001年5月、「霞が関ビル　超高層への果てなき闘い～地震列島　日本の革命技術～」）。

そのタイトル通り、このビルの建設は、地震が頻発する日本において革命とも言える出来事だった。太平洋戦争からの復興を遂げようとしていた1960年代の東京は、狭い敷地に小さな建物が密集し、職場は驚くほど狭かった。日本の都市建築は1919年の「市街地建築物法」によって、その高さが100尺（戦後の「建築基準法」もこれを引き継ぎ31

メートル）と制限されていたため、9階建て程度が限界だったからだ。

「このビルには日本の建築技術の未来がかかっている。地震に絶対に負けないビルをつくる」

志（こころざし）を同じくした研究者や職人たちが数々の試練を乗り越えて革命的な技術を現実のものとし、日本初の摩天楼は完成した。これは、都市の過密化によって生じた問題を高層化によって解決するという、日本初の「高層ビル建設による再開発」でもあった。

それから半世紀あまり。都内だけでも30階建てを超える高層ビルの数は、382に上っている（東京都統計年鑑・2022年末時点）。

しかし、高層ビルをめぐる「公共性」は大きな変化のさなかにあることを今回、日本各地の取材でつきつけられた。背景には、社会が「成長の時代」から「人口減少の時代」へと変化していることがある。

終章で明治大学の野澤千絵（のざわちえ）教授は「減築利用」というキーワードにも触れているが、「高く大きく」という単一の選択肢だけでは、まちの未来を見通すことができない時代になっているのだ。

新たな時代のあるべき姿は

では、新たな時代の再開発にはどんな視点が必要なのだろうか。

今回、一連の取材のなかで、フランスの「コンセルタシオン（話し合い）」という制度を取材した。その象徴とも言える地域が、パリの中心部に位置するレアル地区だ。

もともと、この場所には名建築として知られた中央市場があったが、1960年代に再開発計画が浮上。市場を郊外に移設し、鉄道などが乗り入れる交通拠点とする計画が持ち上がった。ところが、自治体や事業者が主体となって決めた計画に対して、住民たちが大規模な反対運動や訴訟を展開。20年にわたって声を上げ続けたが、再開発計画は実行に移された。当時はフランス各地でこうした再開発をめぐる深刻な対立が相次いでいた。

そこで国が整備したのが、コンセルタシオン（話し合い）という制度である。この制度は、大規模な開発を伴うすべての事業について、住民たちが事業の構想段階から議論に参加できるようにするものだ。透明性を確保するため、自治体が、住民と事業者との対話の方法などについて議会に提案し、議決を受ける仕組みにしていることも特徴の一つだ。

2000年代に入ってから、このレアル地区には、二度目の再開発の計画が浮上したが、そのありようは一度目とは一変した。

事業者や住民が参加する対話の場を計画の初期から複数回設定。さらに事業者は計画に関する情報の開示に加え、それに対する住民たちのすべての意見に見解を示すことも求められた。結果的に、二度目の再開発は建築家を選ぶプロセスに住民が参加できるようになり、住民たちが希望した公園も残された。

住民を巻き込んだ〝熟議〟には時間や労力などの大きなコストを伴うが、事業の担当者は、「できるだけ理解者を増やし、反対する人を減らす。訴訟を起こされて計画に遅れが出ないようにするのが目的です」と、事業者側にも一定のメリットがあることを語った。

そして、何より気づかされたのが、住民が参加することの長期的な利点だ。この地域に長年住んできたジル・プルベさんは、私たちの取材にこう語った。

「再開発の中身を決めるのは、私たち地元の住民ではないことは十分理解していました。それでもプロジェクトに参加したかったのです。私たちの街なのですから」

コンセルタシオンのもとで行われた二度目の再開発にあたり、住民の意見がすべて取り入れられたわけではない。しかし、議論に参加し、一部でも意見が取り入れられたということが、市民の「街への愛着」を強めることにつながっていると感じられた。

新たな時代の〝豊かな暮らし〟を実現するために

街に何を残し、何を変えていくのか。

再開発をめぐる議論に、多くの人を巻き込んで多様な意見の中から方向性を定めていくことは容易ではない。効率性を追求する経済の論理からみると、面倒なことなのかもしれない。

しかし、これから日本は世界でも類のない人口減少の時代に突入する。「今までと同じように」、「他の地域と同じように」、という発想では乗り越えられない大きな変化に直面する。私たちは、一人ひとりが、長期的な視点で自分たちの暮らす地域を、どのような場所にしていくのかを問われることになるとも言えるだろう。

50年以上前、都市問題の解決を目指し、先人たちは知恵を結集して「高層ビル建設」という「革命技術」を生み出した。私たちは今、人口減少の時代にふさわしい「新たな解決方法」を生み出す必要性に迫られている。

長期的な未来を見すえ、どんな手だてをとることができるのか。計画を主導する自治体や事業者からは、十分な情報が提供されているのか。そして、市民は、自分たちの街をどのようにしたいか意見を表明しているか。議論は尽くされているのか。

私たちメディアは、民主的で建設的な議論のために必要な多角的な情報を提供できているのか、さらに問われることになるだろう。

新たな時代の〝豊かな暮らし〟とはどのようなものなのか。そして、それを実現するためのプロセスはどうあるべきなのか。全国各地の人々と対話を続けながら、その答えを探していきたいと考えている。

NHK首都圏局　チーフプロデューサー　阿部宗平

参考資料・文献

〈第1章2　福岡市〉

ウェブサイト

・厚生労働省「平成30年～令和4年 人口動態保健所・市区町村別統計の概況」

・国立社会保障・人口問題研究所「日本の地域別将来推計人口（令和5（2023）年推計）」

・福岡県「福岡県地域防災計画 地震・津波対策編（令和6年3月29日）」

・福岡市「福岡市の将来人口推計」

〈第4章1　世田谷区下北沢〉

・「運動レパートリーとしての行政訴訟の意味　下北沢再開発問題を事例として」（三浦倫平）

・『コミュニティシップ　下北線路街プロジェクト。挑戦する地域、応援する鉄道会社』（橋本崇、向井隆昭、小田急電鉄株式会社エリア事業創造部　編著、吹田良平　監修／学芸出版社）

〈第4章2　岩手県紫波町〉

・『町の未来をこの手でつくる 紫波町オガールプロジェクト』（猪谷千香／幻冬舎）

〈第4章3　神戸市〉

ウェブサイト

・神戸市「神戸の近現代史」
・国際連合広報センター「未来サミット：それは何をもたらすのか」

書籍

・『神戸　闇市からの復興　占領下にせめぎあう都市空間』（村上しほり／慶應義塾大学出版会）
・『神戸わがふるさと』（陳舜臣／講談社）
・『近代ヤクザ肯定論　山口組の90年』（宮崎学／筑摩書房）

メディア

・ＮＨＫ　新日本紀行「丘に上がった神戸〜兵庫県神戸市〜」（１９６９年）
・Los Angels Times「Spools of War : Retired Army Officer Sees 1945 Film of Occupied Japan as a Learning Tool」（１９９２年12月13日）

執筆者略歴

大河内直人（おおこうち・なおと）

NHK首都圏局　遊軍キャップ

愛知県出身。1998年に入局し、静岡局、報道局社会部、新潟局で教育や貧困問題などを取材し、NHKスペシャル「ワーキングプアⅢ」「無縁社会」、クローズアップ現代「東大紛争秘録」などの番組制作にも関わる。社会部デスク、おはよう日本CPなどを経て現職。オープンジャーナリズムの手法と当事者目線からのリアリティを追求した「霞が関のリアル」「保育現場のリアル」「不動産のリアル」などのシリーズを展開。

〈全体構成統括、序章を執筆〉

阿部宗平（あべ・そうへい）

NHK首都圏局　チーフプロデューサー

2005年入局。福島局、首都圏局、大阪局、報道局社会番組部などを経て現職。現在は、首都圏情報ネタドリ!を担当。過去には、NHKスペシャル「ジャパン・リバイバル　〝安い30年〟脱却への道」、「令和未来会議」、「開戦　太平洋戦争　～日中米英 知られざる闘い～」やクローズアップ現代「オモロいこと　はじめまっせ～〝笑いの総合商社〟の新展開～」、「東大紛争秘録

〜45年目の真実〜」などを制作。
〈全体構成統括、おわりにを執筆〉

西澤友陽（にしざわ・ともひ）
ＮＨＫ首都圏局　記者
１９９２年北海道生まれ。２０１５年ＮＨＫ入局。前橋局、大阪局を経て現所属。大阪局・関西空港支局で日産元会長の逃亡事件や堺市長の政治資金問題などを取材。その後、大阪府・大阪市を担当し、新型コロナへの対応や「大阪都構想」をめぐる住民投票など政治・行政を中心に取材。首都圏局では生活保護受給者を利用したアパート投資問題や明治神宮外苑の再開発など不動産や再開発をテーマに取材をしている。
〈第１章１節、第２章４節を執筆〉

河﨑涼太（かわさき・りょうた）
ＮＨＫ福岡放送局　コンテンツセンター　ディレクター
１９９６年兵庫県生まれ。２０２２年ＮＨＫ入局。これまで、７日間にわたる壮絶な山岳遭難の実態を追った「ザ・ライフ　検証　増える山岳遭難」や、九州・沖縄の地元密着を目指すプロレスラーたちの歩みを追った「＃てれふく　みんな元気にするバイ！」、沖縄独自の在来豚を守る農家のドキュメンタリー「ザ・ライフ　種を守る」などを制作。さらに２０２３年、知的障がい者の投票をめぐる、親の葛藤を取材したことをきっかけに、福祉領域を継続的に取材中。
〈第1章2節を執筆〉

三嶋立志（みしま・たかゆき）
NHK首都圏局　ディレクター
1995年東京都生まれ。2018年NHK入局。初任地の札幌局では高レベル放射性廃棄物の処分場問題を主に取材。クローズアップ現代「核のごみ―私たちに問いかけるものは」のほか、おはよう日本やローカル放送枠などで継続的に番組を制作。2023年から現職。都内各地の再開発を取材。
〈第1章3節を執筆〉

渡邉亜海（わたなべ・あみ）
NHK福井放送局　記者
1998年長野県生まれ。2021年NHK入局。福井放送局で事件や行政全般を担当。再犯防止を社会で支える「更生保護」の取り組みの最前線を長期間にわたって取材。現在、福井市政を担当し、北陸新幹線の延伸開業による経済効果やまちづくりなどをテーマに取材している。
〈第2章1節を執筆〉

牧野慎太郎（まきの・しんたろう）

NHK首都圏局　記者

1993年埼玉県出身。2015年NHK入局。宮崎局、長野局を経て現所属。宮崎局で高齢ドライバーの事故や路線バスの運転手不足の問題を継続的に取材し、クローズアップ現代「都市の路線バス減便の衝撃」などの制作に関わる。その後、長野局で県政キャップとして新型コロナをめぐる長野県政の対応などを中心に取材。首都圏局では「不動産のリアル」シリーズを担当し、高騰が続く首都圏の不動産や再開発などを取材。

〈第2章2、3節、第3章2節を執筆〉

二宮舞子（にのみや・まいこ）

NHKさいたま放送局　記者

1992年愛媛県生まれ。2017年NHK入局。盛岡局で県警や県政取材のほか、東日本大震災からの復興や福祉分野などを取材。NHKスペシャル「定点映像10年の記録～100か所のカメラが映した"復興"～」や「あなたの家族は逃げられますか？～急増"津波浸水域"の高齢者施設～」などを担当。2022年からさいたま局に赴任し、行政やまちづくりなどの取材を担当。

〈第3章1節、第4章1節を執筆〉

柚木映絵（ゆのき・てるえ）
NHK報道局　報道番組センター 政経・国際番組部 経済番組　ディレクター
1986年東京都生まれ。2010年NHK入局。広島局赴任の後、制作局福祉班に所属し「ハートネットTV」、セルフドキュメンタリー「BS1スペシャル ラストトーキョー〝はぐれ者〟たちの新宿・歌舞伎町」、エンターテインメント番組「阿佐ヶ谷アパートメント」などを制作。2021年からNHKスペシャル制作班で「〝中流危機〟を越えて～第2回 賃金アップの処方せん～」や「君の声が聴きたい」などを制作。2023年から現職。経済分野や再開発とまちづくりのあり方などを取材。
〈第4章2節を執筆〉

森内貞雄（もりうち・さだお）
NHK報道局　社会番組部　ディレクター
1982年熊本県生まれ。2006年NHK入局。旭川放送局、大型企画開発センターなどを経て現職。NHKスペシャル、クローズアップ現代の取材・制作を担当。担当に「戦後ゼロ年東京ブラックホール1945-1946」、「東京ブラックホールⅡ　破壊と創造の1964年」、シリーズ「2030　未来への分岐点」、「OKINAWA　ジャーニー・オブ・ソウル」など（いずれもNHKスペシャル）。
〈第4章3節を執筆〉

野澤千絵（のざわ・ちえ）

明治大学政治経済学部教授　専門は都市政策・住宅政策。博士（工学）
大阪大学大学院修了後、民間企業を経て、東京大学大学院修了。東洋大学理工学部建築学科教授等を経て、２０２０年度より現職。２０２４年現在、日本都市計画学会理事、都市計画協会理事、国土交通省の都市計画基本問題小委員会委員、東京都住宅政策審議会委員、神戸市や大阪市の都市再生に関する委員など、国・自治体の都市政策・住宅政策に従事。主な著書に『老いる家 崩れる街　住宅過剰社会の末路』（講談社現代新書）など。
〈終章を執筆〉

NHKスペシャル「まちづくりの未来 ～人口減少時代の再開発は～」

（2024年1月20日放送）

キャスター　合原明子
取材　牧野慎太朗・西澤友陽（首都圏局）、二宮舞子（さいたま局）
　　渡邉亜海（福井局）、大室奈津美（神戸局）
取材デスク　大河内直人（首都圏局）、浜平夏子（さいたま局）、白川巧（福井局）
　　宮里拓也（神戸局）
ディレクター　森内貞雄・宮川俊武・村山世奈（社会番組部）
　　三嶋立志・堀江凱生（首都圏局）
　　柚木映絵（政経国際番組部）、河﨑涼太（福岡局）、山口弘太郎（福井局）
制作統括　阿部宗平（首都圏局）、小口拓朗（福岡局）、榊原宏和（福井局）

クローズアップ現代「再開発はしたけれど　徹底検証・まちづくりの“落とし穴”」

（2023年11月21日放送）

キャスター　合原明子
取材　牧野慎太朗・西澤友陽・大河内直人（首都圏局）、二宮舞子（さいたま局）
　　渡邉亜海（福井局）
取材デスク　大河内直人（首都圏局）、浜平夏子（さいたま局）、白川巧（福井局）
PD　森内貞雄（社会番組部）、藤松翔太郎・三嶋立志（首都圏局）
CP　阿部宗平（首都圏局）

首都圏情報ネタドリ!「急増! “駅前・高層”再開発　家選び・暮らしはどう変わる?」

（2023年9月29日放送）

キャスター　合原明子
取材　牧野慎太朗・西澤友陽（首都圏局）、二宮舞子（さいたま局）
取材デスク　大河内直人（首都圏局）、浜平夏子（さいたま局）
PD　三嶋立志・藤松翔太郎・阿部和弘（首都圏局）
CP　阿部宗平（首都圏局）

※所属先は制作当時のものです。

編集協力　一角二朗
校閲　東京出版サービスセンター
図版・本文組版　米山雄基
写真提供　共同通信社・PIXTA・NHK